我们内心的冲突

〔美〕卡伦·霍妮——著

才春新——译

OUR INNER CONFLICTS

Karen Horney

中国出版集团 现代出版社

图书在版编目（CIP）数据

我们内心的冲突 /（美）卡伦・霍妮著；才春新译．-- 北京：现代出版社，2020.8

ISBN 978-7-5143-8691-2

Ⅰ．①我… Ⅱ．①卡… ②才… Ⅲ．①精神分析 Ⅳ．①B84-065

中国版本图书馆 CIP 数据核字 (2020) 第 108096 号

我们内心的冲突

作　　者：［美］卡伦・霍妮
译　　者：才春新
策划编辑：王传丽
责任编辑：张瑾　肖君澜
出版发行：现代出版社
通信地址：北京市安定门外安华里 504 号
邮政编码：100011
电　　话：010-64267325　64245264（传真）
网　　址：www.1980xd.com
电子邮箱：xiandai@vip.sina.com
印　　刷：三河市宏盛印务有限公司
开　　本：880mm × 1230mm　1/32
印　　张：6.5
字　　数：134 千字
版　　次：2020 年 8 月第 1 版　　印　　次：2020 年 8 月第 1 次印刷
书　　号：ISBN 978-7-5143-8691-2
定　　价：39.80 元

目 录

前言

写这本书的目的，主要是为了促进精神分析领域的进步。书中的许多内容，是对患者及对自己进行分析后得到的结果。书中的理论也是经过多年时间逐步形成的。美国精神分析研究会曾经邀请我做系列讲座，我的观点都是在着手准备讲座时整理成形的。我第一次讲座，题目为“精神分析的技巧”，那是 1943 年，讲座主要讨论精神分析的技术问题。第二次讲座是在 1944 年，题目为“人格的整合”，讲座的内容囊括了这本书中提到的问题，兼容“精神分析疗法中的人格整合”“疏离心理学”和“虐待狂倾向的含义”，这些内容都不陌生，我曾经在专科医学院和精神分析推进学会上讨论过。

我希望这本书，能为那些想改良我们的理论和分析方法的精神分析师提供帮助，希望他们把书中描述的这些观点用到患者和自己身上。精神分析若想进步，只有加大攻关力度，才能解决我们面临的各种困难。若一味地安于现状，不思改变，那么理论终将沦为空洞的教条。

我确信，一本书若不是单纯地对技术问题和抽象心理学理论进行讨论，总能令那些想要认识自我，并且还没有放弃成长的人受益。生活在这种复杂的文化中，大多数人都存在书中所描述的那些内心冲突，并且他们也渴求得到帮助。虽说严重的神经症只能靠专家治愈，但我觉得，只要通过不懈努力，在很大程度上，内心的矛盾冲突完全有可能自己解决。

首先，我要感谢我的患者，在心理咨询的工作中，我们相互沟通，所以我才能很好地认识神经症。我也要感谢我的同事们，他们的兴趣和热情给了我莫大的鼓舞。我这里所指的同事，涉及范围较广，不仅仅指比我年长的那些同事，也包括正在研究所里培训的年轻同事，即便是他们提出来的具有批判性的不同意见，也给我带来了启发，使我得到了鼓励。

其次，我还要提到三个人，他们虽是精神分析领域之外的人，但却用独特的方式，支持和促进了我的工作。第一位是埃尔文·约翰逊博士，在弗洛伊德的经典分析法成为唯一受到认可的分析理论和实践的情形下，他让我有机会在新社会研究学院发表自己的观点。第二位，我尤其感谢的是新社会研究学院哲学和人文学系的主任克拉拉·麦耶。多年来，她一直对我的工作感兴趣，是她鼓励我把我的新发现与人分享和探讨。第三位是我的出版人诺顿先生，他提出了有用的建议，协助我提高了本书的质量。

最后，我要感谢米内特·库恩，在很大程度上，她帮我更好地组织了材料，更清楚地陈述了我的观点，对此，我深表谢意。

导 论

在神经症的研究过程中，也许基于不同的出发点，也许各自经过了不同的曲折途径，但是，研究者一定会发现：人格的混乱和冲突是一切神经症的起因。事实上，任何心理学研究最终都会发现这一点，我充其量是一个再发现者。每个时代的诗人和哲学家都很清楚地知道，那些内心宁静、思想冷静的人不会得精神疾病，只有内心存有冲突，且难以摆脱冲突的人，才会出现精神问题。用现代理论来解释，所有的神经症的本质就是性格神经症，这与其症状的表现无关。所以，我们无论是做理论研究，还是进行实际治疗，都要努力了解神经症的性格结构。

弗洛伊德在这方面做了很多具有开创性的工作。尽管他的起源理论没能把这一观点更清晰地表述出来，但与之也很贴近。后来，弗朗茨·亚历山大、奥托·兰克、威廉·赖希、哈罗德·舒尔茨·汉克等人，在原有观点的基础上发展了这项研究，纷纷对神经症的性格结构给出了定义。然而，在性格结构本质及引发原因上，我与其存有异议。

应该说，我与他们研究的出发点不同。对弗洛伊德关于女性心理学设想进行研究之后，我觉得弗洛伊德忽视了文化因素对神经症所产生的影响，所以，才使我们的结论出现偏差。比如，我们通常认为“男性应该很威武，女性应该很柔弱”，这其实就包含了文化因素的影响。十五年来，我对这个课题的兴趣越来越浓。与埃利希·弗洛姆共事时，他用渊博的心理学和社会学知识，令我更加清晰地发现，社会因素不仅在女性心理学方面有影响，而且在其他方面也产生了很重要的影响。特别是在1932年来到美国之后，我的想法得到进一步证实。我发现，这里的人们在气质和神经症方面与欧洲人很不一样，足见其文化差异起到很大作用。因此，我在《我们时代的神经症人格》一书中表达了我的观点：神经症是由文化因素引起的。更精准地说，神经症是由人际关系的混乱和失调引发的。

在写《我们时代的神经症人格》这本书之前，有几年的时间，我一直还进行着另一项研究，就是探寻神经症的驱动力是什么。研究中我也参照了弗洛伊德的假说，弗洛伊德认为，是强迫性的驱动力驱动了神经症。他觉得人们想获得满足却无法忍受挫败的心理，就是这种驱动力作用的结果，属于人类的本能。所以，他认为这种驱动力普遍存在，也就是说，人人都有可能患上神经症。可我认为神经症是由人际关系的混乱和失调引发的，针对这一想法，我简单阐述几点：我认为强迫性内驱力是神经症患者所独有的；它代表患者面对生活的方式，是由孤独、绝望、恐惧和敌意等感觉引发的；它本质不在于获得满足感，而在于追求安全感；它之所以有强迫性，是其内心的焦虑促成的。在《我们时代的神经症人格》一书中，关于感情和权利这两种神经症驱动力，我阐述得很详细。

起初，我内心对弗洛伊德的最基本理论还是认可的，但通过进一步的研究发现，我的研究方向已经与他背道而驰。如果，弗洛伊德认为的“生物本能”，确实受文化影响；如果，他认为的“力比多”（原欲），其实都是由焦虑引发的对情感的过分需求，实际目的就在于与人交往时能够获得安全感，那么弗洛伊德的“力比多”理论就可以被推翻。童年的经历自然非常重要，但也不能说是一成不变，关于它对生活的影响，我们可以用全新的角度去审视。因此，有必要明确阐述我与弗洛伊德理论的差异。也是基于这种原因，我后来出版了《精神分析新方向》一书。

同时，我仍在继续探寻神经症的内驱力。我将其称为神经症倾向，并详细描述了它的十种类型。我认识到性格结构是神经症的核心。在我看来，性格结构是由许多相互作用的微观世界组合成的宏观世界，而每个微观世界的核心就是一种神经症倾向。这种观点有特别的实践意义。当我们面临困难时，不必再像以前一样，用精神分析将遇到的困难与过去的经历联系起来，只要弄明白，在我们现有人格中各种因素相互作用的每一种驱动力，这样，哪怕专家给予一点点帮助，我们就能认识自己，进而改变自己。目前，人们对精神分析治疗的需求越来越大，而获得的帮助可以说微乎其微，所以自我分析是最好的补救。因为这本书大部分内容都在讲如何自我分析，自我分析有哪些局限性，以及自我分析的几种方式，所以定书名为“自我分析”。

当然，书中的理论也不是尽善尽美的。比如，对个体倾向的描述，即便描述得足够详细，我还是有种担忧，担心简单的罗列会给人造成过于孤立的错觉，从而淡化了它们之间的相互作用。还有，神经症患者对感情异常需求、强迫性的谦逊和对“伴侣”的需求，我知道都属于同一类。但我没有发现，这些个体倾向在组合起来之后，代表他人和自己的一种基本态度，一种特殊的生活哲学。以这种倾向为核心的人，现在我叫作“亲近他人”。同时，我还发现，患者对权力和名望的强迫性渴望与神经症野心有着某些共同点，构成了“抗拒他人”。这类人想被人佩服和渴望完美，虽然都对患者和其他人的关系产生了影响，表现了神经症范畴的特点，但受影响最大的还是患者与自己的关系。再有，与对情感和权力的需求相比，利用他人的需求属于基本需求，不是那么广泛，就好像不是一个独立的个体，而是从某个大的整体上取下来的一个小碎片。

后来得到证实，我的疑问是有道理的。在后续的研究中，我最关注的就是神经症中的冲突有什么作用。在《我们时代的神经症人格》一书中，我提出：不同神经症倾向的相互碰撞是神经症产生的原因。在《自我分析》一书中，我又提出：神经症倾向不仅相互作用，而且还会产生冲突，这种冲突刚开始来源于患者对他人的矛盾态度，时间久了，冲突的来源更广，最终患者对自己的矛盾态度、矛盾的品性和矛盾的价值观，都会造成这种冲突。

我在越来越多的现象中看到了冲突的重要性。一开始令我很惊讶的是，患者对他们内心存在的冲突竟然一无所知。当我努力和他们交流的时候，他们却很不配合，含糊其词地刻意躲避。这样经历了很多次之后，我才明白，虽然我很想帮助他们，但他们对我的分析似乎存有反感。等到最后矛盾冲突彻底暴露之后，他们又表现得满心惶恐、惴惴不安。患者的这种反应让我也深感忐忑，感觉自己像是在接触“炸弹”，这些炸弹应该有十足的威力，完全有把他们炸碎的可能。也正是因为害怕，所以面对冲突，他们才选择了回避的态度。

接着，我意识到患者虽然也在努力想办法，企图“解决”这些冲突，但是否认冲突又怎么能解决冲突呢？我说得再明白一点，他们这样的努力，就是在制造虚假的和谐，是在否认冲突的真实存在。

我总结了一下，这些患者主要采用四种尝试方法来“解决”冲突。

第一种是掩盖冲突，他们没有把支配的权力留给自己，而是拱手让给他的对立面。

第二种是“远离他人”，现在我们对神经症患者疏离，有了新的认识。远离他人就意味着保持孤独。神经症患者的孤独，是一种基本冲突，出于对他人的一种矛盾态度。他试图通过这种方式与人保持一定的情感距离，进而尝试着“解决”冲突。

第三种是“远离自己”，让原来那个真实的自己变得不再真实。患者会努力在心中创造一个理想的自我，以取代真实的自我。在这个理想的形象中，冲突的每个部分都被粉饰一新，于是冲突不再表现为冲突，像是一个丰富人格中的不同组成部分。这种尝试帮助我们看清了许多神经症问题，这些问题曾经令我们感到棘手，难以理解。原来那些追求完美的患者，其实是想努力达到理想化的意象。对完美的需求是力图符合理想化的意象，对被人赞美的需求就是渴望被认可的理想化意象，这种意象与现实的差距越大，自然实现的难度就越高。在所有解决冲突的尝试中，这种理想化意象可能是最重要的，对完整的人格影响很大。而它同时制造了一条新的裂痕，所以需要进一步的修补。

第四种是悄悄地掩盖其他冲突，以修补心理裂缝。患者经常把内心的冲突当作外面发生的冲突，把内部矛盾转化成外部矛盾，我称之为“外化作用”。理想化意象使患者远离了自我，而这个“外化作用”使真实情况变得面目全非，并且又制造出一种新的冲突，或者说是放大了原有的冲突，其中最突出的表现就是，夸张地放大了自我与外界之间的冲突。

以上我列举的四种尝试，是神经症患者试图“解决”冲突的主要方法。一来，在各种神经症中它们发挥着作用，只是程度不同；二来，它们也给神经症患者的人格带来了深刻的影响。当然，绝不仅仅是这四种方法，只不过其他方法没有这四种方法具有普遍意义。例如，用绝对正确的策略来消除内心的疑虑；用严格的控制来支撑内心世界的破裂；用玩世不恭来蔑视所有的价值观，从而消除关于理想的冲突。

原本，我对这些还没有解决的冲突所造成的后果并不十分清楚，现在知道了，包括各种各样的恐惧、精力的浪费、对道德和诚信的损害及由于感情纠葛而造成的绝望等，都属于尚未解决内心冲突带来的后果。

洞悉患者处于绝望的状态，我终于明白了施虐倾向的含义。

这些人身心处于低谷，找不到真实的自我，所以想通过替代性的生活试着解决冲突。从施虐行为可以看出，他就是渴望一种报复性的胜利。我觉得，神经症患者一味地想表现自己，产生对破坏性利用的需求，这并不是一种独立的神经症倾向。对于这一类人，用怎样的术语来称呼更合适呢？就叫虐待狂吧！

至此，一套关于神经症的理论形成了，亲近他人、对抗他人和远离他人，这三种态度之间的基本冲突形成了神经症的核心驱动力。神经症患者因为害怕自己的人格被分裂，想努力维持自身的完整功能，所以不顾一切地尝试着解决冲突。应该说，他们的尝试确实人为地制造出一种平衡，但新的冲突也随之不断产生，有了新的冲突，自然又要寻找新的补救措施。而他们是在绝望地“解决”问题，越“解决”越绝望。想达到统一的每一次尝试，反而使他们变得更加怀有敌意、更加绝望、更加恐惧、更加远离自己和他人。最后，冲突不但没有解决，病情反而越发加重，进而发展成为在施虐中寻求补偿。这样做的后果是又增加了新的冲突，令他们变得更失望。

神经症的发展和它所导致的性格结构，呈现出一幅令人沮丧的画面。既然如此，我为什么还说自己的理论是有建设性的呢？首先可以用荒谬的简单方法来“治愈”神经症，这样一个不切实际的乐观主义被我推翻了。同时，固执地认为神经症太复杂治不好，这样的悲观主义我更认为不可取。我的理论之所以说具有建设性，是因为阐明了神经症的复杂性和严重性，提出了积极乐观的观点，在缓和潜在冲突的同时，帮助我们努力地在实践中解决冲突，有效地整合人格。神经症冲突是没有理性的解决办法的，我们看到，神经症患者自己的尝试没见成效，反而有害。但是，如果能将人格中造成这种冲突的状态进行改变或许就不一样了。一个人的绝望、恐惧和敌视等感受都可以通过分析而降低，和他人与自己的疏离程度也可能因为分析而变小。所以，只要恰到好处地做好分析工作，相信一切都会有所改观。

在弗洛伊德看来，人注定是要承受痛苦或被毁灭的。同时，他持有对人性是善良的和人类发展前途的深度怀疑，所以他对神经症及其治疗很悲观。他的观点是，人类是在本能的驱使下行动，这种本能只能被支配，最多是被提高。但我不这样认为，我觉得人不但有能力，而且有愿望发展他的潜能，从而使自己变得更加优秀，对此我深信不疑。但是，如果与他人的关系及与自己的关系不断受到干扰和破坏，在这种情况下，就存在失去潜能的可能性。随着研究的不断深入，我非常有把握地说：只要人活着，就有希望不断地改变自己。

第一部分　神经症冲突及其尝试性解决

第一章　尖锐的神经症冲突

首先我强调一点：并不是有冲突就等于患了神经症。事实上，内心冲突与我们如影随形，无处不在，如生活中我们的梦想、兴趣、爱好乃至看法都可能存在冲突。就好比我们常与周边环境发生冲突一样，内心冲突也一样不可避免地存在。

动物的大多数行为主要由其本能决定。它们的交配、抚育后代、觅食和防御等行为，可以说已经被本能所决定。人类则不同，人类自己有能力选择，这是人类才有的特权。不过，说句实话，这种特权也可以说成是人类的重负，因为选择实在不是一件容易的事。很多时候，我们必须要在两个相反的欲望间取舍。比如，想独处但也希望有人陪伴，如想学医也想听音乐。又如，必须去做一件自己不想做的事，如希望与爱人在一起，而这时却因为有燃眉之急的事而不得不离开。我们也可能正左右为难，既想与人保持一致，又想表达自己的反对意见。比如，有两种相反的价值观摆在面前，如在战争时期，是应该勇敢地去参军，还是留下来照顾亲人？这些往往都是很艰难的选择。

我们所处的文明决定了冲突的种类、范围和强度。在文明处于非常稳定的状态，又恪守固定传统的情况下，个体产生的冲突就没有那么多，可供选择的种类也会有限。即便真是这样，也不是说冲突就会完全消失。毕竟，现实中，一种忠诚可能与另一种忠诚相矛盾，个人愿望与集体义务也可能相互矛盾。但是，如果文明正处于快速转型期，在这个时期，相互矛盾的价值观和完全不同的生活方式可以共存，只是个人所面临的选择就会多样而艰难。可以人云亦云，也可以有自己独特的想法；可以独自生活，也可以很合群；可以崇拜成功，也可以不屑一顾；可以严格地管教孩子，也可以让孩子自由成长；可以认为男女的道德标准不必相同，也可以认为两者适用相同的标准；可以将两性关系视为情感的表达，可以是亲密的外露，也可以是与爱无关的单纯欲望；可以怀着种族主义，也可以认为人的价值与肤色或鼻子的形状无关。这样的例子比比皆是。

毫无疑问，生活在这种文明中的人，面对这样的选择很多，所以发生冲突很正常。然而，令人意外的是，大部分人在冲突发生时没有意识到，更不用说去思考如何解决。他们习惯于随波逐流，没有自己的见解，不知道自己应该处于怎样的立场，甚至根本未经思考就做出退让。而我这里所说的还是正常人，是指没有患神经症的人。

想要发现矛盾，并在此基础上找到解决办法，大抵需要具备以下几个前提条件：

首先，我们必须明白自己的愿望是什么，并且要明白我们的真实感受是什么。比如，对于某个人，我们是真心喜欢，还是一时冲动的喜欢？假如父母去世了，我们是发自内心的悲伤，还是单纯的习惯性表达悲伤？如果我们要成为一位医生或律师，是因为真的喜欢这个职业，还是觉得该职业受人尊敬且收入丰厚？我们总说帮孩子获取幸福、自立，是不是只在嘴上随便说说，并不付诸行动？这些看似很简单的问题，我们真正的感受和需求是什么，其实我们自己未必清楚。

其次，要建立完善的价值观才能看清冲突。因为我们内心的冲突都是由观念、信仰和道德观决定的。我们身上存在的冲突，都是由我们自己的价值观导致的，所以只有它能指导我们做出决策。有的人习惯用别人的价值观，是因为没看清彼此的距离。当然，别人的价值观很容易影响自己，这时如果我们把它拿过来套用在自己身上，即便暂时没有发生冲突，但因为它不能触碰内心，也不能帮助我们解决冲突，很多关系到利益的冲突，就会被隐藏起来。比如，一位父亲心胸狭隘，但儿子已习以为常，那么当儿子被父亲安排去从事一项他并不喜欢的职业时，儿子的内心就没有发生冲突；又如，当一位丈夫发生了婚外情，他已经陷入了强烈的冲突中，但却不知道怎样面对婚姻，自然就不能根据冲突做出决定，而是选择一个简单的方法来掩盖冲突。

再次，当我们认识到自己处于冲突当中，必须舍弃其中有争议的一个时，一定要敢于取舍。因为我们的情感与信念常常互相纠缠，所以保持头脑清醒自觉放弃的人寥寥无几。其实，大多数人在舍弃某种东西时，都会觉得安全感和幸福感在流失，这也很常见。

最后，任何决定都有风险，所以在做出决定之前，我们要先确认自己能够对结果负责，不会把责任推卸给别人。这时，你心里可以去想:“这是我自己做的决定，和他人无关。”要想解决冲突，应该具备这种大多数人不具备的内在的力量和独立性。

即使我们不愿意承认，也必须要承认，很多人都被冲突束缚了手脚，所以才经常用妒忌和羡慕的心态去看待事业上一帆风顺、丝毫不被冲突干扰的人。那些人可能是强者，已经有了完整的价值观，或者在他们成长的过程中，冲突已经对他们没有太大的影响了，心境比较平和，因此才拥有了一种从容的风度。即便如此，也要提醒大家注意：我们所看到的风平浪静很可能是又一种假象，更多的时候，我们所羡慕的也不过是随波逐流或投机取巧的人，他们没有用自己的能力和信念去真正地解决冲突，可能靠的是冷漠、服从或者侥幸。

主动去体验冲突固然会令人痛苦，但是，这实在是一种很珍贵的能力。若想让内心获得自由和更强大的力量，就必须要勇于面对自己的冲突，还要努力解决冲突。勇气越大，自由和力量越多，只有愿意承受打击时，我们才能掌握自己的命运。要认识到，那些虚假的冷静是根植于内心的愚钝，根本不值得羡慕，只能令我们陷入软弱中而不堪一击。

如果生活中充满矛盾，那么看清冲突很难，解决冲突会更难。但无论如何，我们必定还要活着，所以逃避是解决不了问题的。应该说，教育在很大程度上，能帮助我们认清自己、树立信念。那么，我们能做的就是做出正确的选择，为自己拟订一个奋斗目标，让理想替我们指引方向。

我们说，即便是一个正常人认识和解决冲突都很难，那么对于神经症患者来说就更难了。神经症有轻度的，也有重度的，我这里所说的“神经症患者”通常是指“已经达到病态程度的人”。这种人对自己真实的情感和欲望模糊不清，一旦其弱点被击中时，就会又恐惧又愤怒。当然，他们很可能会努力压制这两种感受。我们确实见过这样的患者，他们受强制性标准的影响找不到方向，失去了决定方向的能力。在这种强迫倾向驱使下，他们已经不知如何是好，更不用说要他们对什么负责。

当然，很多困扰正常人的问题也会引起神经症冲突，但它们之间是有本质区别的。上面两个范畴里的问题，用一个术语来表达，很多人有质疑。我的看法是，如果我们能清楚地认识它们的区别，也不是不可以。

神经症冲突到底有什么特点呢？

举一个简单的例子，一位和别人一起研究机械设备的工程师，他时不时就被疲劳和暴躁所折磨。下面这件事就促成了他的神经症发作：那是在一次技术交流会上，他的方案支持者甚少，相反，他同事的方案赢得了大多数人的赞同。而且后来，大家又在他不在场时做出决定，这使他失去表达自己想法的机会。在这种情况下，他其实有两种选择：一种是，如果感到程序不公平，可以据理力争，为自己争取一个公平的机会；另一种是，欣然接受大多数人的决定。这两种方法都能维持他内心的平衡，但他都没有选择。被人这样无视，他心里既生气又痛恨，但他没有表现出来，也没有选择反抗，只是在心里生气，甚至把愤怒带到了梦里。在他怨恨别人的同时，更怨恨自己的软弱，恰恰是这两种被压抑的愤怒，是使他感到疲惫和烦躁的直接原因。

我们来分析一下，这位工程师之所以没有做出平衡反应，是由其内心的多重冲突决定的。一方面，他认为自己很了不起，在他心里自然而然地想，“我是这个专业领域里最聪明的人”；另一方面，他自己树立的高大形象又依赖于别人的认可，一旦没人承认，他那个高大的形象就马上坍塌了。这就是矛盾的、互相冲突的。他自信又不允许别人轻视，一旦被轻视，就会产生愤怒情绪，甚至还会产生一种无意识的施虐倾向。同时，矛盾的另一端，他又迫切地需要别人的肯定、赞美和好感，有时还用一些带有讨好的态度掩盖他的需求。另外，他也想用谦让、忍耐和顺从的态度达成自己的目的，态度好或许别人就承认他很厉害。于是，冲突便产生了：一方面具有破坏的攻击性，也就是他随时可能爆发的怒火和施虐冲动；另一方面是对情感和赞美的需求，力求在自己的眼里变得公平合理。结果，他既不敢把愤怒向外发泄，怕失去赞美和肯定，又心有不甘，愤愤不平。这样，人们看不见他内心的冲突，只看到他的疲惫和做事提不起精神的状态。

我们认真观察一下，会惊讶地发现，这个例子中的各个因素都具有完全不相融性：一个盛气凌人的人希望得到别人的尊重，一个极力贬低别人的人又想去讨好和逢迎别人，这是极端对立的。这个工程师对这个冲突一直处于无意识的状态，内心存在巨大矛盾倾向。这种冲突被他深深地压制着，并没有完全外露，甚至他还在想：他们的方案都没有我的好，他们那样做就是忽视我的存在。强调应注意的是，冲突的两种倾向都带着强迫性，他心里知道他不应该自恃清高，也知道不应该过度依赖别人，可在主观愿望上，他就是无法改变。真要改变，除非经过大量的分析。事实上，他被这两种冲突的力量夹在中间了，二者都是他内心最迫切的需求，他没办法忽略，但这些需求无法代表他真正的需求。他既不愿利用别人，也不愿服从别人，他鄙视这样做。由此可见，这个例子具有深远的意义，它令我们更加了解神经症冲突，也告诉我们，神经症患者所做的决定，都是不可行的。

还有一个类似的例子。一位自由设计师，从他好朋友那里偷了一些钱。他的行为实在无法被外界理解：因为他需要钱的话，可以向好朋友去借，他的朋友一定会借给他，因为朋友已经不止一次地帮助过他。况且他本身也是一个体面又很重视友谊的人，这实在与他的身份不符。

他之所以这样，是因为下面这个冲突：他这样做既要得到别人的喜欢与帮助，又要保证自己处于控制地位，就是想利用别人得到好处，才采取了这样的行动，这是一种无意识的倾向。这表明他一方面愿意接受帮助，这是对感情的病态需求；而另一方面，他软弱的自尊心又反对他这样做。他甚至认为，别人应该为帮助他感到光荣，而自己主动求助别人则是一种耻辱。对自己的任何需要，他不愿意承认，也不愿意欠别人的情分，所以导致了他宁愿去偷，也不愿意去借。

相比第一个例子，这种冲突有很多不同，但其本质是一致的。

所有的神经症冲突，患者很难自己解决，因为一切神经症冲突的内驱力都是无意识的，并带有强迫性和不兼容性。

正常人和神经症患者的冲突主要区别在于：首先，对于正常人来说，冲突的两种倾向的悬殊远远比神经症患者要小，这是正常人与神经症患者一条明显分界线。简单地说，正常人的冲突的两种倾向之间的夹角是锐角，最多是直角，而从神经症患者的角度，则可能达到180°。正常人会在统一的人格框架内做出选择，不管选哪一种，都是可行的。

其次，两者在意识程度上也有区别。索伦·克尔凯郭尔说："我们不能用一些抽象的对比来描述真实的生活，比如完全无意识的绝望与有意识的失望之间的对比，是无意义的，因为生活本就多种多样。"或者可以这样说，我们能感觉到正常范围内的冲突，而神经症患者的冲突却难以察觉。正常人的冲突即使感觉不到，只要稍稍点拨就能感觉；而神经症患者的冲突被深深压制，必须克服巨大的阻力才能意识到。

最后，正常的冲突可能是在两者都想得到的可能性之间做出选择，也可能是在两种都不想放弃的想法之间做出选择，虽然做一个选择有些困难，甚至还要有所舍弃，但是做一个合理的选择还是可以做到的。深度神经症患者无法做出自由选择。他被两种相反的强迫力支配，这两个方向都不是他想要的，所以让他自由选择是不可能的。他像被束缚在那里一样，要想改变，只有处理好神经症倾向，改变他与自己及与他人的关系，才能摆脱这些倾向的禁锢。

以上这些因素，清晰地为我们解释了神经症冲突为何这般尖锐。因为这些冲突不仅难以识别，容易使人无望，还足以产生令人恐惧的破坏力。所以，我们必须要认识并记住上面的因素，只有这样，才能理解神经症患者为消除冲突所做的所有努力和尝试，实际上，这些正是神经症冲突的主要内容。

第二章　基本冲突

人们都知道冲突在神经症中起一定的作用，但想不到的是其破坏力竟如此之大。对于神经症患者来说，发现这些冲突不是件容易的事，因为它们存在于患者的无意识之中，又被千方百计地否认存在。那么，究竟哪些理由让我们怀疑它是存在的呢？

在前一章引用的两个例子中，有两个明显的线索证明冲突是真实存在的。第一个案例，线索表现为由冲突导致的疲惫和焦躁；第二个案例，线索表现为偷窃。事实上，每一种神经症症状都是冲突直接或间接的产物。人们出现焦虑、压抑、纠结、迟钝、孤独等，都是尚未解决的冲突所造成的影响。梳理它们的因果关系，虽然不能揭示其根源，但起码能够吸引我们的注意力通过现象看到本质。

相互矛盾是冲突存在的另一个标志性表现。比如，第一个例子中的工程师，虽然认为那件事不对，对他不公平，但他却没有提出反对意见。第二个例子中的自由设计师，明明很重视友谊，需要钱的时候反而去朋友那儿偷窃。这种相互矛盾的表现，即便是没有经验的观察者也能看出来，但对患者本人来说，更多的时候是视而不见的。

就像体温升高说明人生病了一样，相互矛盾也表明冲突一定存在。现在，我来举一些常见的自相矛盾的例子。比如，一个非常想结婚的女子却回避向她求爱的男子；一位溺爱孩子的母亲，却经常忘记孩子的生日；一个对自己吝啬的人，却经常对别人出手大方；一个喜欢清静的人，却无法一个人独处；一个人对自己很严格和刻薄，对别人却能做到包容和忍耐。

与症状不同，自相矛盾能帮助我们探索冲突的本质。比如，一次深度抑郁的发作，说明患者进退两难，正在困境中挣扎。但如果是一位母亲明明很溺爱自己的孩子，却经常忘记孩子的生日，这种情况就是她没有把关注点全部放在孩子身上，可能她关注的是自己怎样当一位好母亲。那么，我们尝试着分析冲突的双方是什么，那就是一方面她内心有当一个好母亲的意愿，另一方面有让孩子经历挫折的施虐倾向。

我一直强调“神经症冲突是无意识的”，但有时候，它们也会浮于表面，令我们明显感到冲突的真实存在。这两种理论并不矛盾，其实，那些浮于表面的冲突只是真实冲突的扭曲或变形。所以，患者面对冲突时也想逃避，却发现已经陷入了一种有意识的冲突当中，且无法自拔。他无法决定要不要结婚？到底跟谁结婚？到底选择哪一份工作？是继续维持与别人的伙伴关系还是解除这种关系？于是，他特别纠结，举棋不定，无法做出决定。在这样的苦恼中，或许他会寻找心理分析师的帮助。然而，因为他目前的冲突，是内心冲突积累到一定程度之后的爆发，想要解决必须一路探寻，找到隐藏在背后的冲突才可以，所以，他的求助难免会令他失望。

内心的冲突有可能被外化，并出现在患者有意识的思维里，体现在他发现了自己与周围环境的矛盾。如果患者发现，自己面对自我意愿时，总有莫名的恐惧和压抑，那就说明，他可能意识到自己内心的冲突，察觉到它们的产生也许有着更深层次的原因。

对一个人越了解，就越容易发现，他身上导致神经症症状、相互矛盾和表面冲突的矛盾因素。补充一点，这样一来，我们看到的矛盾种类和数量都会增加，人们可能会更加忧虑。因此，试问会不会有一个作为所有冲突根源的基本冲突，躲藏在这些冲突的后面？我们用一段不和谐的婚姻来进行分析：因为孩子、朋友、金钱、吃饭等原因导致的分歧和争吵不断，看似互不相干，其实则不然，它们都源于这段关系深处的不和谐。

人们从很早开始就坚信，人格中存在基本冲突，这种观念在各种宗教和哲学中都发挥着重要作用。光明与黑暗、天使与魔鬼，善良与邪恶，这些对立的存在就印证了这一点。在现代心理学中，我们说弗洛伊德在这一领域做出了开创性的研究。他的第一个假设就是，基本冲突是盲目探求满足的本能驱力与家庭和社会形成的险恶环境之间的冲突。从幼年开始，险恶的环境就已经内化于人格之中，在此之后，它就只会以超我的形式出现，真的很可怕。

这是个非常重要的假设，在这里不适合过于严肃的讨论，因为那样做，要把反对“力比多”理论的观点详述一遍。那还不如先将弗洛伊德的理论放在一边，直接去了解概念本身的含义。这样的话，观点会集中于一点：各种冲突的产生源于最原始的利己驱力和良心之间的对立。在下文中我还会说明的是，在神经症的组成结构领域中，这种对立确实占有重要的地位，但对于它的基本属性，我持有不同的看法。我认为，虽然它是一种主要冲突，却有继发性，在神经症的发展过程中必然会出现。

在此，我先说明一点，欲望与恐惧之间的冲突，不足以解释神经症患者内心为何如此分裂，也无法解释神经症导致的后果为何如此严重，以至于会毁掉一个人的生活，这就是我为什么产生不同看法的原因，当然这只是一点，其他原因我会在后面详细说明。弗洛伊德所假设的这种精神状态表明，神经症患者具有为达成某种目的而努力奋斗的能力，只是被恐惧阻碍了。我觉得，神经症患者所有的愿望都是分裂的，都是对立的，所以他们丧失了全神贯注去努力的能力。这种状况比弗洛伊德的设想还要复杂。

与弗洛伊德相比，我不但看到基本冲突的更大破坏性，并且在问题的最终解决上，我比他更乐观。弗洛伊德认为基本冲突随处都在，原则上都无法解决，我们要么退让，要么强控。但我不那么看，首先神经症的基本冲突不一定最先爆发；其次神经症的基本冲突即便爆发，只要患者和我们一起努力，勇于承受分析过程中的艰难，冲突完全有可能被解决。所以，还可以说，我与弗洛伊德观点的区别，不在于乐观与不乐观，而是我们的出发点不同，自然结果也不同。

在哲学层面上，弗洛伊德关于基本冲突的解答颇具吸引力。但即使不提他思路中的各种暗示，只说他关于生死本能的理论，其本质上是人类的建设性和破坏性力量之间的一种冲突。弗洛伊德不想把这一概念与冲突联系起来，他对这两种力量之间的融合很感兴趣。比如，他将受虐和施虐驱力确定为性本能和破坏本能相融合的结果。

在冲突的研究中，需要将道德观点引进来，才能很好地运用我的观点。但弗洛伊德认为，道德价值和科学应该分属于不同的领域，也正因为如此，他构建了一种完全不包含道德的心理学。我认为，弗洛伊德的理论及在此基础上的治疗方法，局限在一个很狭小的范围，因为他的努力都是以“科学的忠诚”为方向的。尽管他在这个领域已经做了大量的工作，但他也没取得最后的成功，归根结底是他没能发现冲突在神经症中发挥的真正作用。

荣格也非常重视人类的相互冲突。他认为，所有的元素都是伴着他的对立面共同存在的，这是他根据个体身上存在多种矛盾总结出来的规律。表面上软弱，内心可能强大；看起来外向，其实非常内向；看起来一切以思想和理智为标准，其实情感才是心里最重视的。在荣格看来，神经症的最基本特征就是冲突，不过在他的理想中，对立面之间不但不冲突，还互补，所以我们的目标是接纳对立，从而使自己趋于完美。荣格认为，只有那些过度片面发展的人，才会陷入困境，进而成为神经症患者。他把这些理论整理之后，提出了“互补法则”。我也赞同，在一个完整的人格系统中，确实有一些对立倾向，它们互相补充，缺一不可。我认为荣格所说的互补，指的可能是神经症冲突的外在表现。当两种对立力量不相上下时，恰好证明神经症患者为解决冲突做出过努力。比如，我们把一个平时不关注别人，只在意自己想法和感受的人的行为，当成是正常行为，就是把这当成由机体素质所决定，并被经历所强化的行为，就表明荣格的推理正确。有效的治疗步骤是：先让患者明白，他有潜在的“外倾”倾向，其次告诉他，只偏向于一种倾向很危险，最后鼓励他接受两种倾向，把它们全部注入生活中。但是，假若我们把他的内向看作是远离他人、避免冲突而采取的方式，那我们首先要做的是把他隐藏的冲突分析给他听，千万不要鼓励他变得外向。只有先解决这些冲突，才能越来越靠近“自我完整”的目标。

现在，我来阐述一下我的观点。在我看来，神经症的基本冲突存在于一个人对他人的矛盾态度中。在具体讨论之前，我们先回忆一下《化身博士》的故事。在这个故事中，作者用戏剧化的形式把矛盾表现了出来：主人公海德先生既是一个冷血、残暴、自私自利的人，又是一个热情、敏感、也曾同情和帮助过别人的人。他就是一个典型的神经症分裂症状的人。虽然我并不是想说所有的神经症患者都这样极端，但相同的是，在患者对待他人的态度中，总能观察到最基本的冲突。

探寻问题的起源，我们再来谈论一下“基本焦虑”这个概念。在一个充满敌意的世界中，患病儿童所感觉到的孤立与无助，我称之为“基本焦虑”。外界环境中的不利因素，都可能导致孩子产生不安全感。比如，一切直接或间接的强制性的管教；冷漠、情绪化的行为；不尊重孩子提出的要求；缺乏真正的引导；轻蔑的态度；过分的赞美或者根本不加赞美；缺少温暖；逼着孩子在父母的不合中“站队”；要求孩子承担过大的责任或任其放纵；过分溺爱；不允许孩子与其他孩子来往；不公平；歧视；不守承诺；敌意的氛围，等等。

唯一需要提醒家长注意的是，孩子们很善于观察隐藏在环境中的伪善。他们可能会觉得父母的爱是假的，也可能会对父母在一些活动中表现出来的爱心、诚实乃至慷慨产生怀疑，或者他们发现了父母的行为存在矛盾，由此而产生的一种下意识的反应。导致这些的因素，有时一起呈现，有时部分呈现，有时很直观，有时又很隐秘，因此，我们只能一点点分析它们对孩子所造成的影响。

孩子们被这些状况扰得烦恼不堪，为了面对这样的环境，纵然有时充满怀疑和恐惧，他们也无意识地用自己的形式继续生活。这样，他们不但发展了自己的应对策略，也形成了自己的性格倾向。这些倾向成为他们人格中的一部分，我称之为“神经症倾向”。

想了解冲突形成的原因，就需要全局性地观察孩子们在这种情况下，可能选择的行动或真正选择的行动，不能把注意力过多地放在个体的趋势上，那将毫无意义。关于行动的一些细节，可能暂时无法了解，但我们能清楚地看到孩子应对外界环境所采取的态度。一开始，我们可能会看到很混乱的状况，但迟早会有三种倾向显露出来，那就是亲近他人、对抗他人、远离他人。

孩子们在向别人表示亲近的时候，虽然还怀有孤独和畏惧的心理，但他们已经承认了自己的无助，愿意让别人喜欢自己，希望给自己找到依靠，他们相信只有这样才安全。如果家中出现了争执，他们会支持强大的一方，以获得归属感和支撑感，这样，他们会觉得不再被孤立和无助。

当孩子感觉到周围环境中存在敌意时，就会有意识或无意识地进行反抗，这是理所当然的。他们开始怀疑别人的情感和目的，并且想尽办法展开反抗。其实他们的怀疑没有什么根据，他们就是希望自己强大，以打败这些人，保护自己并报复别人。

当孩子选择远离别人时，他会觉得自己和别人没有什么共同点，别人总是不理解自己，这时，他不想亲近他人，不想抗拒他人，就只想着与之保持一定距离了。于是，他们会用书、玩具、梦想和大自然构建了一个自己的世界。

敌意、无助和孤立，这三种倾向都属于焦虑范畴。但事实上，孩子们不可能只表现这三种倾向中的一种，在三种态度的形成过程中，它们都会出现，只需看哪种倾向占了上风。站在神经症充分发展的角度上，这些就变得更加明显了。也许大家曾看过这样一个年轻人，他会明显地表现出前面三种态度中的某一种，与此同时，其他两种倾向也在发挥作用。比如，一个明显有亲近倾向的人，他的身上也会表现出对抗倾向和孤独情绪；一个有对抗倾向的人，他可能也想亲近别人或与别人保持一定的距离；一个总是远离别人的人，又可能心中渴求友谊，同样可能对别人怀有敌意。

在现实中，实际行为怎样取决于占主导倾向的是哪一种，这是人们在面对别人时，最先选择的方法和手段。比如，一个有孤独倾向的人，他会用各种无意识的方法和别人保持一段安全的距离，因为在任何一个需要亲近别人的场合，他都会不知所措。此外，通常情况下，最能被患者的意识接受的倾向，会起到绝对的主导作用。

即便这样，我并没有说，另外不占主导地位的倾向没有影响力。比如，一个表面上对你百依百顺的人，他内心主宰的渴望不一定就弱于对友爱的需求，只是他的攻击冲动显得不那么直接罢了。在很多例子中，主要倾向和次要倾向又会发生逆转，这说明隐藏起来的次要倾向有时力量也很大。我们在儿童和成年人中都能看到这样的换位。当然，这样的转变也可能出现在女性的身上，最典型的一个例子就是英国作家毛姆的《月亮和六便士》中的斯特里克兰德：一个女孩就像一个假小子，既雄心勃勃又桀骜不训，一旦坠入爱河，忽然就没了野心，变成柔顺的淑女；又如，在遭受某种重大变故后，一个原本和所有人保持一定距离的人，就可能会出现病态般的依赖倾向。

在这里我还要补充一下，下面这些经常遇到的问题，用这样的改变或许可以回答：成年以后的经历到底有没有价值？童年之后我们是否还能改变？从冲突的角度来看神经症的发展，有助于我们做出最适合的回答。比如，存在以下的可能：如果孩子在童年时没有受到过严厉的管教，那么他性格的形成，很大程度会依赖他后来的经历，尤其是青年期的经历；如果孩子在童年时期就已经被培养得中规中矩，那么他后来的性格也很难改变。很难改变的原因，一方面是因为他如今的思想已经变得很呆板，无法接受全新的体验。比如，他本身所具备的独孤倾向，令人无法向他靠近，或者是喜欢亲近人的倾向在他的思想里扎了根，所以他已经习惯于被支配；另一方面是他也已经习惯于用老眼光看新事物。比如，怀有对抗因素的人，在别人对他表示友好的时候，他会认为别人很傻，或者猜想别人对他有所贪图，这种体验强化了他原有的思维模式。当一个神经症患者真正转变了倾向时，你可能会认为是成长的经历改变了他的性格，其实，这种改变他是在双重压力的作用下，他不得不放弃原有的思想，从一个极端到另一个极端。这种转变的发生是因为冲突从一开始便存在。

对于一个正常的人来讲，三种倾向是不会互相排斥的。比如，一个人在某种情况下，可以选择顺从别人，可以选择把自己的原则坚持到底，也可以选择不去和任何人来往。三种倾向完全可以互相补充、和谐统一。若某一种倾向占了上峰，说明三种倾向发展得不均衡，某一个倾向发展得过度了。

在神经症患者身上，有很多现象证明这些倾向之间的水火不相容。神经症患者的内心往往无法灵活地面对外界，他们被迫去顺从、对抗或远离，也不管这种方法是不是合适，根本不会变通着去做。如果他选择其他方式行动，就会感觉惊慌失措。所以，三种倾向在他身上强烈出现时，他就会处于严重的冲突之中。

三种冲突严重时，就会像恶性肿瘤一样扩散到整个器官组织，不仅作用于患者的人际关系，还会波及整个人格系统，导致冲突范围越来越大。最后的结果是这些倾向不仅使人际关系受影响，还会影响他与自己、与生活的关系。我们要认清这种支配的所有特性，否则很容易把结果看成绝对矛盾。比如，爱与恨、顺从和反抗、服从和对抗等。这样做很容易使人误入歧途。比如，我们区分法西斯主义与民主制时，不能因为它们对待某一问题的态度不同，就认定它们是不同的。不同的态度也是有区别的，民主制与法西斯主义就是两个截然不同的世界，代表着两种完全相反的哲学。

一个以我们与他人的关系为开始的冲突，必定会影响我们的整个人格。人际关系真的重要，它必然会影响我们的性格塑造、人生目标的树立，以及价值观的奉行。当然这些也会反过来影响人际关系，它们之间有相辅相成的作用。

我的观点是，因矛盾态度产生的冲突，构成了神经症的核心，所以被称为“基本冲突”。我再补充一句，这个“核心”一词很重要，强调了它是神经症的中心，神经症就是从这里扩散出去的。这一观点，是神经症新理论的内核，我将在下文中详细论述。广义上而言，这一理论也可以看成是对我早期观点的扩充，主要论点就是神经症是人际关系紊乱的表现。

第三章　顺从他人

基本冲突具有破坏力，神经症患者出于防备，往往会为自己构建一条防线，这样不但使基本冲突难以看清，还会把它深埋，无法以单独的形式出现。这样做的结果是浮于表面的不是冲突本身，而是为解决冲突所做的各种尝试。所以，在这种情况下，单单关注病史的细节并不能揭示它所隐藏的各种细微差别，即便能得到结果，也无法将基本冲突在一些个体身上的表现说清楚。

另外，我在前面章节中的论述还需要更详细地完善一下。我们只有先从所有对立因素入手，才能理解基本冲突的本质。若想获得成功，只需观察某种对立特征中占主导地位的个体即可，对他们而言，这种因素代表着他们更易接受的自我。为了简单明了，我将个体划分为三种类型：顺从型、对抗型、远离型。在每一个案例中，我把更容易被他们接受的特征作为研究重点，而那些被掩盖的冲突，就不做过多的考虑了。我们发现，在每种类型中，对待别人的基本态度，可以引发某种需求、品质、敏感、抑郁、焦虑及一些特殊的价值。

当然这种做法既有利也有弊。首先，我们对某种类型的研究，必须能明显地看清一系列态度、行为和信念等的结构和功能，哪怕是隐隐约约地显现，在我们研究时也能容易识别；其次，三种态度在本质上有其明显特征。回到民主制度和法西斯主义的比较上。从本质上看，这两种意识形态有很大区别。认清它，我们可以先弄清到底什么叫法西斯，什么叫民主主义，不要一上来就把目标锁定在那些推崇民主又暗中钦佩法西斯主义的人身上。然后，再将它们与具有代表性的民主生活方式进行比较。了解了两种信仰之间的差别，才能更好地帮助那些在两者之间摇摆不定的个人和群体。

我们先说第一种类型：顺从型人格。这类人对喜欢和赞扬有明显的需求，可以说他身上具备一切“亲近他人”的特点。他最需要的还是一位“能操控他，能完全帮助他判断对错，还要满足他生活中所有愿望”的伙伴，这位伙伴的身份可以是情人、丈夫、妻子或者朋友。这些需求和对方的自身价值没有关系，和对方对他的直接感受也没有关系，只是符合神经症的共同特点，那就是都是强迫性的、盲目的，并且一旦受挫会激起焦虑或者悲伤。这些需求的核心就是对亲密关系和依附感的追求，只是表达方式有所不同。顺从型人格最重视的就是自己和别人在兴趣和爱好上的共同点，至于不同点他喜欢选择视而不见。他对别人误解不是因为他自身的无知、愚蠢或者观察能力不够，是他神经症的强迫性需求决定的。有一位女性患者，她所描绘的画面很能说明这些：她处于画面中央，变成了一位弱小又无助的婴儿，周围都是奇怪又凶险的动物，有一只想要蜇她的大蜜蜂绕着她飞来飞去，还有一条要咬她的狗、一只要抓她的猫和一头要顶她的牛。首先，这些动物代表什么并不重要，关键是反映了这位患者最渴望的是，想从这充满危险和恐惧的环境中获得别人的“喜爱”。总而言之，这种类型的人，需要别人喜欢她、需要她、想念她、爱她；需要别人接纳她、欢迎她、赞赏她、钦佩她；需要别人重视她，尤其被某一个人重视；还需要别人帮助她、照顾她、指导她。

当分析师向患者指出他的这些强迫性需求时，他会找很多理由为自己辩护，他认为所有这些需求都是“正常”的。自然，被别人喜欢、被别人帮助，所有人都需要这样的归属感，但有一种人受到虐待之后，会对感情失去所有的兴趣，人格完全扭曲了（这一点后面还会讨论），这类人就排除在外。这类人出于内心的焦虑，对安全感有着一种永远无法满足的需求。他们只在表面上对感情和赞美疯狂需求，实际上背后隐藏的驱动力还是追求安全感。

正因为对安全感有迫切需求，所以他做的每一件事，都是以这个目标为出发点的。在这个过程中，他塑造了自己的生活态度和性格品质。这些品质和特征可以说有一部分是很讨人喜欢的，就是他可以敏锐地捕捉到别人的需求，当然这种需求必须是能够被他理解的。比如，一个人想要独处的意愿可能会被他忽略，但是他能理解对方需要同情、帮助和赞扬，这时，他会忽略自己的感受，尽最大可能去满足别人对他的需求，或者去满足他认为是别人对他的需求。这时，他就变成一位慷慨大方甚至能够自我牺牲的人。当然认同这些，必须考虑他对别人的喜爱有着无穷尽的需求这一点。而事实上，在他的内心深处，他并不怎么关心他人，经常认为那些人是虚伪的，只不过，这样的想法被他心中的顺从强行掩盖了。这些无意识中发生的事情，我用意识术语来说就是：他强行说服自己喜欢别人，在心里认定别人都是好人，都值得自己信赖。但这个结论不仅给他带来了失望，还会令他觉得更加不安全。

虽然在他看来，自己这些品质很难得，但事实上不是这样的。由于他只是胡乱地给予，不顾及自己的真实感受，同时在他的内心又希望得到同样的回报，所以没有换来回报时，他就会感到烦恼和不安。

还有一种与其相似的品质。主要表现为：在感到别人不满，或产生争吵和竞争时，他会选择回避。这时，他会主动（至少这一点是有意识的）把重要的位置让出来，自己位居其次，听从安排；他会委曲求全地去做一些安抚、调解工作。复仇或者是获胜的欲望都被压制了，这一点就连他自己都会觉得很惊讶。还有一点，他总是在不考虑自己真实感受的情况下，主动承担错误，也就是说，他不管自己是不是因为错误而内疚，也不管别人对他的批评或攻击有没有根据，他都首先选择了认错。

这些态度经过一个很微妙的过程转变为明显的压抑。他对所有的攻击都选择回避，所以心里也越来越压抑。他即便有自己的想法也不敢坚持；明知道别人不对，也不敢指出来；明明知道自己有出国的机会，也不敢去争取；完全不敢发出命令、凸出自己、要求别人。他处处以他人为中心，付出的代价就是失去了自己做点什么、享受点什么的意愿。长此以往，他会认为无论是一顿饭、一场演出、一段音乐或是一处风景，若无人参与都毫无意义。就这样，他克制了自己的快乐，不仅更加地依赖别人，就连整个生活也会变得乏味。

这种类型的人，除了把上述品质理想化了之外，在对待自己的态度上还具有一些典型特征是第一个特征，有些自怜，总感觉自己软弱、无助、卑微、可怜。当他独处时，就感觉自己像一条迷航的船，又像是失去教母的灰姑娘。这种无助感是真实存在的。可以想象，当一个人总是感觉自己没有任何反抗能力时，必然会变得软弱。这种无助感使他会经常向人坦白，还会出现在他的梦里，甚至会成为吸引别人注意和自我防御的手段："因为我如此的软弱和无助，所以你必须爱我、保护我、谅解我、不能扔下我。"

因为他总是有甘居人后的倾向，所以产生了第二个特征，即他认定自己不如别人，别人确实比自己优秀，比自己有吸引力、有智慧、受教育程度高、比自己有价值。这种心态的产生有根据，因为他内心缺乏自信，做事无主见，这必然会消弱他的能力。即便是在他最擅长的领域，即使成绩是属于他自己的，因为他的不自信，也会把成绩归功于“能力比自己强”的人。一旦遇到傲慢的人，他又会觉得自己渺小且无用。甚至，哪怕只有他一个人，他也会低估自己的品质、才华、能力及物质财富。

第三个特征是他依赖他人的一个表现，也就是说，他常常无意识地用别人的态度来定义自己。有人夸奖时，觉得很有面子；有人讨厌时，就会觉得受了伤害。自尊心的强弱完全由别人掌控，别人的拒绝对他而言简直就是致命的打击。倘若别人没有回敬他，表面上他表示接受，但按照他独特的思维方式，他的自尊会马上降到零。换句话说，无论是批评、拒绝还是背叛他都感到万分恐惧，他会竭尽全力地重获别人的尊重。就如同一边脸挨了耳光之后，他还会送上另一边脸让人打，这并非是“受虐狂”，他努力这样做，根据的是内心对他发出的指令。

上述一切形成了他的一套特殊的价值观。这套价值观以善良、同情、爱、慷慨、无私和谦卑等为基础，在清晰和坚定程度上完全取决于他的成熟度。而那些自私、野心、冷漠、狂妄和玩弄权势等是他最为讨厌的，尽管他可能也在暗中表示钦佩，因为在他看来那些代表着“力量”。

现在我们应该很清楚，上述是神经症“亲近他人”所包含的特征。如果让我用一个术语，如顺从或依赖来描述它们，应该是不恰当的，因为这些特征反映的是一套思维、感受和行为方式，也可以说是一种生活方式。

之前我说过，不愿意讨论那些相互矛盾的因素。若想了解患者对他的态度和信念是如何坚守的，我们还应该充分了解相反趋势的压抑，看它们是如何加强主导地位的。因此，要多看看这幅画的背面。有顺从型倾向的人，总是强烈地压抑自己的攻击性。这与表面上过分关心别人形成了鲜明对比。这类人其实对别人漠不关心，或持有蔑视，或无意识地就是想利用、控制和支配他人，或想超越他人，或想享受报复带来的胜利感。当然，这样的倾向在类型和强度上不尽相同，有一部分原因是因为在儿童期遭遇过不幸。我们来看一位患者的成长史，发现他5—8岁时还性格暴躁，后来逐渐变得乖巧懂事。但成长过程中的某些经历也会助长他的攻击性，因为有很多因素会随时促成敌对情绪。若再深挖下去，会显得有些离题，在此只简单说明一下，过分自谦或“与人为善”可能会被欺负；依赖别人又可能使自己变得脆弱。所以，当患者对情感和赞美的需求没有得到满足时，他反而会生出被人忽视、拒绝和遭受羞辱的感觉。

弗洛伊德解释过“压抑”这一术语，我所说的感觉、驱力、态度等都被“压抑”，这个观点就是基于他的解释。在弗洛伊德看来，压抑是确实存在的，那些神经症患者可能没有察觉，最主要的是，他们从心底不希望察觉，还生怕向别人或者自己透露出有关的蛛丝马迹。所以面对这种情况，我们自然会追问，患者出于怎样的目的要把内心的驱力压制下去呢？顺从型的例子给我们做了一些解释，但更多的，要等我们后面学习理想化意象和虐待倾向之后，才能更好地理解。目前，我们可以认为，有了压抑之后，患者非真实的感受导致他们无法真心地去爱别人，当然也无法被别人所爱。在他看来，任何攻击性的行为或一味地坚持自己的主张，都是自私的心理在作祟。所以，他自我谴责，他猜想别人也一定都在谴责他。对于这样的谴责，他负担不起，也经受不住，因为他所有的自尊都是在他人的赞美声中树立起来的，故对于别人的批评和指责自然难以承受。

神经症患者通过压抑所有的自信、抱负、野心和冲动，希望能够创造出统一、整体、和谐的感觉，这也是他们为摆脱冲突所做的一种尝试。其实，他们内心对人格统一的渴望可以理解，那是正常生活的需要，若被两种相反方向的驱力牵扯，自然很难做到；再有，他们害怕人格分裂，让一种倾向占上风，压制其他倾向，这样的做法也是一种无意识的尝试，是他们解决冲突的主要方法之一。

于是，我们发现，神经症患者刻意压制自己所有的攻击性冲动，一来是不希望他的生活方式遭受威胁；二来也不希望他自认的统一人格被破坏。攻击倾向越强烈，他心里越想剔除。在这种心态的驱使下，他们在人前不表现自己的需要，不提任何要求，不拒绝别人的要求，努力讨好别人，甘居人后。这一切行为看上去很不错，其实他们内心的顺从、讨好倾向无形中被强化了，这样的行为更带有盲目性和强迫性。

实际上，他们这些所谓的努力并不能真正地压制住内心的冲动，这些冲动又以符合神经症结构的方式表现出来。患者习惯于用“我是如此悲惨”提出要求，或者是以“爱”的名义支配他人。

与患者对温暖和温和的要求相反，有时也会表现出生气或者大怒，这就是他内心的情绪被压抑到一定程度，势必要爆发的结果。他不认为自己对别人的要求有什么过分，不是自己自私，是别人对他不公，这样，到他内心承受不住的时候就燃起了怒火，甚至身体也接连发生功能性障碍。比如，出现头疼、胃病等不适的症状。

如此可见，顺从型人格大部分特征都有双重动机。为了避免冲突，他努力表现出和善，与人友好相处，但也可能出于一种目的，想利用别人，隐藏自己真实的想法。所以，看到冲突的这两个方面之后，我们要学着按适当的顺序去疏通。在一些还有些保守的老刊物上，似乎存在这样一个观点，就是主张“释放攻击性驱力”。我承认这个观点对于某一类型有一定的正确性，但这种正确性也是有限的，它忽视了神经症结构的复杂性和多样性。仅把释放当成最终的目的，容易对患者造成伤害。若想患者人格达到最终的整合，只能努力进行冲突的修通工作。

另外，我们还要注意爱情和性欲在服从型人格中起到的作用。在一些患者眼中，爱情至上、爱情唯一、爱情是生命里的全部，没有爱情，生活就会变得单调、无聊和空虚。借用弗里茨·维特尔斯对强迫性追求的描述，爱情成了不顾一切追求的幻影。所有的人、风景、工作、娱乐、兴趣爱好等，只有爱情能使其锦上添花，否则再好也是毫无意义。在我们这个文明社会中，女性对这些的需求比男性明显，但不要认为只有女性才痴迷于爱情。实际上，这种痴迷也是一种神经症的表现，是一种非理性的强迫性内驱力，与性别没什么关系。

明白了顺从型的人格结构，也就明白了那些患者为什么把爱情看得那么重，也就明白了他们“又合理又不合理”的那些是是非非的心理感受。在矛盾的强迫性作用下，他认为爱情是满足他需求的唯一方式。爱情能满足他被喜欢的需求，还能通过爱达到他支配别人的目的，爱情能满足他位居人前或占据凸出位置的需要。因为爱情在自认为合理、单纯甚至是值得称赞的基础上，释放了他的攻击性冲动，因为爱情使他有机会表现自己讨人喜欢的品质，还因为他没有发现自己那一系列的痛苦挣扎来自于内心的冲突，所以他把爱情当成自己疗伤的一剂良药。这种期待在我们看来有些荒唐，但我们也要理解他这种无意识的逻辑：“我软弱无助，一个人生活在充满敌意和威胁的世界上，是一件危险的事。所以我若能找到一个爱我的人就不一样了。他（她）理解我，保护我，不需要我提什么要求就能主动满足我。于是，我的软弱变成了一件好事，因为他会怜爱我，让我依赖他。这样，虽然之前我凡事不主动，但只要为他或者是他期待我做的事，以后我都愿意主动去做。”

在这种对爱情的渴望中，他们开始重建自己的思维体系，并努力使之更有条理，更系统化。这其中有的是思考所得，有的是凭感觉，更多的还是无意识的行为，他们会想“单身真是一种折磨，对无法与人分享的东西提不起兴趣，反而感觉迷茫焦虑。比如说在周末，我若一个人去看电影或读一本书，多丢人，显得我好像没人理似的，所以必须安排好，决不能在周末落单。只要找到一个爱我的人，我就不用一个人受这种折磨了，我就不再是一个人，以前做料理、工作、看风景那些显得很无趣的事，都会充满乐趣。”

他还会这么想：“我全无自信。别人比我能干、比我有魅力、比我有天赋。即便是我通过努力完成了某件事，也是幸运，没有光荣的感觉。假如让我再做一次，可能我就做不好了。别人了解我这一点的话，一定会认为我很没用。但如果有一个人喜欢我，重视我就不一样了，那我一定会被另眼相待。”难怪爱情就像海市蜃楼一样充满诱惑，难怪那么多人喜欢抓住爱情不放，却不愿花心思于内在上去改变自己。

在这种情况下，性交除了生物性本能外，更有一种证明自己被需要的价值。顺从型人格往往害怕被抛弃，就错误地用性取代爱。他会觉得这是与对方建立亲密无间关系的唯一方式，就像高估了爱情一样，他也高估了这件事所能起到的作用。

在这里，我们既不能把过分重视爱情当成是一件很自然的事，也不能直接就视为神经症，这是两种极端的做法，也是审视神经症人格时需要避免的两个误区。其实，患者对于爱的追求，与其自身的生活哲学是吻合的。患者那些有意识或无意识的论证，本无可厚非，错就错在他们论证的出发点不同。他们没有把神经症的冲突考虑进去，反将自己的各种需求当作是拥有爱的能力，至于神经症的攻击性和破坏性更完全排除在外。换言之，就是忽略了整个神经症冲突。因为忽视了神经症冲突的存在，所以，他们想不改变冲突，且能清除伤害后果，这样的尝试注定会失败。针对把爱情当成一种尝试的这个状况，我也想多说一句：如果一个神经症患者，真的很幸运地找到了一位内心强大、能包容他的好伴侣，或者他们内心能够互补，那么他的神经症痛苦可能真的会大大减轻。当然，这只是暂缓冲突并非消除了冲突。即便暂缓也属个例，对大多数人来说，这种想要在人间寻找天堂的期望，最后只能令其更加痛苦。他极有可能把自己的冲突带入这段关系中，又亲手毁了自己极期许的爱情。如果冲突得不到彻底解决，那么他的健康也就会一直存在问题。

第四章　对抗他人

这一章我们讨论基本冲突的第二种倾向叫作“对抗他人”，和之前的讨论方式一样，当攻击性倾向占主导地位时才形成的这种“对抗型人格”。

我们前面讲过的顺从型患者，这类人的特征是：深信人都是友善的，然而事与愿违，在现实中，他们不断遭受打击。那么，对抗型的患者呢？他们与顺从型患者正好相反，认为人都是恶的，即便他发现有人不像他想象的那样，也固执地坚持自己的观点。在他们心里，生活简直是一场战争，谁不想成为胜利者？即便有少数人不这样，或许他们也是有不得已的原因吧。对抗型患者喜欢披一件美丽的外衣，以彬彬有礼、刚直不阿和友好的态度示人，实际上，这就如野心家的权宜之计，包含虚伪、真实和神经症倾向。在这类人心中，希望别人认定他是好人。当他知道自己在别人心中的地位举足轻重时，这种愿望也可能出于真心。他们的心里也可能仅仅来源于神经症倾向的情感和赞美，而这种需求都为了击败对方。顺从型的患者就不需要这样的外表，他们的价值观定义为被社会和宗教认同的传统美德。

对抗型患者与顺从型患者一样，他们的需求都带有强迫性，都一样是由焦虑引发。但值得引起特别注意的是，在顺从型患者身上，恐惧表现得特别明显，但在对抗型患者身上就表现得很隐秘，这类人心中认定世事维艰，有的是看上去有难度，有的是真有难度，有的会变得越来越难。

对抗型患者都有强烈的攻击性需求，因为他觉得世界就像一个角斗场，他很是认定达尔文“物竞天择，适者生存”的观点。在他的思维中，虽然人类的生存与文明程度有关，但追求个人利益是首要的。由此，控制成了他的基本需求，至于达成目的的手段可谓花样繁多，有的直接动用手中的权利，有的通过体贴关心，或者给予好处等较为间接的方式。其实，对抗型这类人可能更愿意成为幕后操纵者，因为他把自身的天性和各种倾向相融合，认为自己具备掌控能力。例如，一个具有对抗型人格的患者，他不愿与人交往过密，所以他采用的控制手段就不是直接的，而是通过间接方法达成目的。同时，如果他成为幕后操纵者，需要利用别人，这时就会必不可少地伴有施虐倾向。

对抗型患者总希望通过自己的努力比他人更优秀，能获得更多的赞扬和认可，因为这些是他追求的，能令他充满力量。至于手段，一切都无所谓。一个充满竞争的社会，随着荣誉和成功而来的往往是权力，所以从某一角度来说，他争取荣誉和成功，就是在谋取权力。顺从型患者也好，对抗型患者也好，两类人都没有把重心放在自己身上，这是相同之处。区别只在于他们达到目的的手段不同。我们说，这两种类型的患者所付出的努力，都是毫无意义的，因为他们不明白心理学，错误地把荣誉和成功定义为评判标准，所以，这时他们心中还会存有疑问：我都成功了，为什么还这样焦虑、抑郁和空虚呢？

对抗型患者很想利用别人和算计别人，从而使自己获益。无论是在财富方面、名声方面，还是其他任何方面，面对任何场面，任何关系，他心中首先想到的只有一点："我能从中得到什么好处？"对此，他很不以为然，甚至还会故意宽慰自己：别人也都是这样的，只不过自己比别人做得更好而已。我们还看到，对抗型患者的性格与顺从型患者的性格相反，对抗型患者表现为很坚毅、很顽强。对自己的感情或者对别人的感情，即便是爱情，必要时都可以被他视为多余。不是说他们没爱过，也不是说他们拒绝与人发生关系或结婚，只是说他们在选择伴侣的时候，拥有性需求的同时，更注重对自己地位、名声和声誉是否有所帮助。他从心里不理解为什么要关心别人，他的想法是"我为什么要关心别人呢？让他们自己关心自己吧"。拿一个伦理学上的老问题来举例：一个竹筏上有两个人，特殊情况下，只能活下来一个，怎么办？他的回答是当然保全自我，他认为，不这样做的人要么是傻子要么就是太虚伪了。这类对抗型患者心里也有恐惧，但他把恐惧隐藏得很深，就比如他害怕遇见盗贼，却能强迫自己一个人待在空屋子里；他害怕骑马，却能强迫自己待在马背上，直到克服这种恐惧后再下来；他害怕蛇，也会装出若无其事的样子，经常穿越蛇出没的沼泽地。

我们知道顺从型的人喜欢讨好别人，而对抗型的人呢？对抗型的人喜欢不惜一切代价战胜别人。若是与人发生口角，他会费劲心思地证明自己是对的。尤其到了山穷水尽的时候，他更加表现出机敏和睿智的一面，以竭尽全力地证明自己。在这类人心中，只有胜利没有失败。顺从型与对抗型患者的相同点是做事没有过失感；不同点的是，顺从者承认错误，不是认为自己真的错了，而是为了讨好别人；对抗者推卸错误，自己不承担责任，是为了维持自己是对的观点。当然，他也不敢确定别人就是错的，他的做法就像是一支军队先占领一个安全点，以便发动有利的攻击。对那些没有必要承认的错误，打死他也不会承认，因为他不会轻易把自己的愚蠢和软弱暴露出来。

对抗型患者有着强烈的“现实主义”意识。因为在他们心里，世界本是恶的，所以他存有与险恶作斗争的决心。对别人的野心、欲望、无知或者其他的表现，他时刻防备着，生怕自己成为一个思想单纯的人。他认为在竞争激烈的今天，正直的人很少，像他这样有个性的人很多，所以他有理由这样，他认为自己不过是很现实罢了。服从型患者性格上有缺陷，对抗型患者同样不完美，他城府深，工于心计，喜欢把自己当成一位优秀的战略家，随时随地评估自己的利害得失、对手的实力，以及可能遇到的意外。

为了证明自己的强大，赢得别人的尊重或羡慕，对抗型的人在完善自己能力和智谋方面，一直做着不懈的努力。他努力工作，我们当然相信，积极的态度肯定能取得成绩。但就这种工作激情来说，很有可能是为达到目的的一种手段。他内心里不一定真的热爱工作，也无法从中得到乐趣，这与他平素在生活中排斥情感的做法相吻合。排斥情感于他有两方面的作用：一方面，不受自身情感的影响，他才能就像开足马力的机器一样，不知疲倦地运转。因为只有这样才能为他赢来他所需要的权利和赞誉，所以我们说排斥情感，相当于是他为了成功而做的权宜之计。他认为，不排除情感，可能就会分心，减少成功的概率；可能会令他无法玩弄手腕；可能把他的注意力转移到兴趣爱好等其他方面；可能令他更想交朋友，从而抵触他利用朋友、捞取好处的想法。另一方面，他这种排斥感情的做法，必然会造成情感流失，而情感的贫瘠会降低创造力，也会影响工作。

对抗型的人给我们的第一印象，是从来不压抑自己。有愿望就直接说，可以张口就对别人发号施令，有火气就发也不忍耐，遇事直接采取行动以保护自己。而实际上，对抗型的人心中的压抑丝毫不比顺从型的人的压抑少，我们表面上看不出来，不等于是我们没文化，因为他把所有压抑都渗入情感中，影响着他交友、恋爱、对别人同情、对生活享乐的能力，在他看来，别人无私的享乐简直是浪费时间。

对抗型的人认为自己内心强大、真诚和现实。因为内心强大，所以才有冷酷的模样；因为真诚，所以没有必要非得去关心别人；因为现实，所以为了实现目标宁可舍弃一切。之所以有这样的想法，还因为很多时候他能一眼洞穿别人的虚伪，能够揭穿一些社会意识和宗教美德的真面目。他认为，别人高喊热爱事业、博爱情操等都是假的，还不如自己的真诚。他就认为这是一个弱肉强食的世界，强权就是公理，每个人都是别人的狼，不需要什么仁慈和包容。

对抗型患者排斥真正的善良和友好，也排斥它的模仿者即顺从和讨好。不是他无法看出两者的距离，是因为他有他的看法。当他遇到一位既友好又有影响力的人时，他也会主动上前打招呼，以表示自己的尊重。因为他担心，若不这样做，可能对他自身的利益带来损害。他深信，在生存的斗争中，无论是顺从还是讨好，这两种态度都一样是障碍。

那么，我们分析一下，为什么他们会如此地排斥温和呢？看见人与人之间的友好和关爱，为什么会产生恶心的感觉呢？为什么会鄙视那些随处送同情的人呢？其实，这种情况出现在他身上也没有什么不合理，尤其在他的攻击倾向稍弱的时候，我们是能够发现的。比如，因为他不忍看到乞丐的惨状，所以无情地将之赶走，甚至还会恶语相向。实际上，对他人的“温和”，他的感受是既复杂又矛盾的。一方面瞧不起；另一方面又暗暗地被吸引，被吸引的原因是因为，他认为可能别人的温和更有利于达成自己的目的。为什么顺从型患者压抑攻击性，佩服对抗行为，而对抗型患者压抑温和，却也暗地里被顺从型吸引呢？尼采在他的“超人理论”中，对这种心理驱动力做过很好的解释：他让超人把任何形式的同情视为“第五纵队”，也就是敌人的卧底。对抗型患者认为，“温和”意味着真正的喜欢、同情及类似的情感，但主要它是顺从型的需求、感情和行为准则所包含的东西。还拿乞丐的例子来说，对抗型患者内心也会生出同情，也想满足乞丐的要求，但他内心有一个更强烈的信号要求他放弃这个念头，那就是他不愿和顺从型患者一样，这就导致他最终不仅没有帮助乞丐，甚至还出言不逊。

为了让不同驱力的愿望得以实现，顺从型的人寄希望于爱，对抗型的人寄希望于被认可。被认可就是战胜了别人，这令他有了自我肯定的能力，有了超越别人的优越感，这对他很重要。但是，我们必须认识到，表面上好像解决了他的冲突，实则就是一种补救幻想。

以上两种类型的人格在内在逻辑上基本一致，所以，这里不再过多说明。要说的是，对抗型的人建立的生活方式，与任何同情行为相矛盾，与任何的委曲求全的态度相矛盾，因为那些东西只会破坏他信念的根基。破坏他精心设计的统一局面。在这样的情况下，他就必须要面对自己的基本冲突。因此，他极力压制内心的温和倾向，对抗型的倾向越发强烈，也越具强迫性。

对上述类型认清之后，我们会发现，其实他们代表了两个极端：一方喜欢，另一方必定厌恶；一方把所有人看成朋友，另一方就视为敌人；一方不惜一切代价避免对抗，另一方认为对抗是他的天性；一方对于恐惧和无力表现得软弱，另一方则想尽办法摒弃。关于神经症，一方持有仁爱理想，另一方笃信弱肉强食的丛林理念。自始至终，这两种形式都是由他们内心决定的，他们没有选择的权力和自由，其强迫性也是无法改变的。

我们讨论了这两种类型的倾向之后，清楚了基本冲突所包含的内容，也能理解，当冲突的某一方面占绝对上风时，所形成的不同的对立面。接下来，我们试着找这样一个人来分析：这个人身上同时存在两种对立面，并且这两者互不相让，都很强势。那么，我们能想象，他被两种不同力量所驱使，左也不行右也不行，相当于陷入瘫痪状态而无法行动。这时，他的解决方法只能是努力挣脱其中一种压力，从而使自己落入另外一种类型中。

荣格说这是某一倾向过于片面发展的结果，其实这种理论也不完善，说它正确，也不过仅仅停留在形式上而已。我们说荣格的观点从内涵上就有缺欠，因为存在心里驱动力方面的误解。以他的观点，解决这种矛盾首先要帮助患者接受对立面。我们说患者不可能做到，他们目前能做的仅仅是发现对立面的存在。我们知道冲突的解决是完成人格的最终整合，但是荣格这个步骤，只能结束患者对自己冲突的回避行为，很难令他们从内心真正地去接受。其实荣格没有正确认识的是：这些患者不能受自己主观意识的支配，也就是说，神经症趋向其实存在本质上的强迫性，患者也是不由自主的。在荣格的理论中，把“顺从他人”和“对抗他人”的差别，比作“女性气质”和“男性气质”的差别，即便忽略在“弱”和“强”上存有的差异，我们说它也不够全面。实际上，所有人身上都拥有“顺从”和“对抗”这两种潜在倾向，一个人若没有被两种倾向引发激烈撕扯，说明他的人格达到了一个自我统一的状态，而一旦两种冲突发展成神经症状态，那么，对我们的身心健康就是有百害而无一利的。所以说，让患者接受对立面，让两种冲突变成一个整体并和谐相处，是不可能的，就好像把两件坏事放在一起怎么也不可能变成一件好事，这是一个道理。

第五章　远离他人

基本冲突的第三种倾向是对远离的需求，或者说是“远离他人”的需求，正是这种需求形成隔离型人格。我们必须弄清楚什么是神经症的自我隔离，才能对这一需求做进一步探究。独处的愿望可以说每一个人都有，只不过我们个人的生活被社会大群体占据着，有时不易察觉。其实，包括那种对自己、对生活比较认真的人，也会不时地生出独处一会儿的想法。那么，适当的独处是一种积极意义上的远离，有助于个人价值的实现。关于这一点，历史上的各种哲学和宗教都曾有过特别强调。而我们今天说的神经症的独处不是这样的，不是适当的独处一会儿，而是长时间的远离，这种情况下的独处，既不能认清自我，也不能激发潜能与创造力，没有任何意义。事实上，神经症独处是因为自己与别人的关系产生了不能容忍的紧张与焦虑时，才形成的这种独处。

神经症的自我隔离，主要特征就是不想和任何人靠得太近。这一点表现得很明显，与其他神经症患者表现出来的远离没什么区别，只不过他们自己特别强调，所以更引人注意。是的，前面讨论过的两种类型的神经症患者，他们身上也有隔离倾向。就比如顺从型患者，他顺从别人时，根本不是出于自己真实情感和想法，所以这种特征表现得不是很清晰。他一味地想亲近别人，不允许与别人存在距离，但一旦这个距离被发现，他会非常震惊，甚至产生恐惧，所以他能做的是更加顺从别人，以掩盖自己与他人隔离的事实。我们说，所有的神经症患者，无论是哪一类型的，都是人际关系失调的表现，只不过程度不同。那么，失调越严重，隔离程度也会随之加深。

远离自我，也就是自我封闭，经常被误认为是隔离型所独有的。这一特征，其实在任何神经症患者身上都有体现，它的主要表现，是对感情冷漠，对自己到底喜欢什么、不喜欢什么、爱什么、恨什么、渴望什么、害怕什么等，根本不清楚。我们说隔离型的患者，就好比一架遥控飞机，看上去好像在自由自在地飞翔，其实早已与自己失去了联系，控制权操纵在别人的手里。在民间传说中，有一种这样的巫术，可以令死去的人变成能行走的僵尸，即便没了生命，依然能和活人一样生活和工作，我们说自我封闭的人也形同僵尸。但我们不能凭借这一点，就说自我封闭是隔离型人专有的特征，因为也有远离他人的人，生活也算过得多姿多彩。实际上，他们在远离别人的同时，拥有了一种能力，那就是调动兴趣，像观察艺术品一样审视自己，这种能力其实是一种共性。也可以这样描述：生活中，他们以“旁观者”的态度来审视自己，这样也就能很清晰地审视出内心的冲突。就比如做梦，很多时候，他们对梦境的解读，精准得令人吃惊，这应该就是一个很好的例子。

还有一点很重要，隔离型的人是从内心里希望自己与他人保持距离。说得更明白一点，隔离型的人画地为牢，给自己设立一个外人无法进入的屏障，不让自己因为爱、竞争、合作等任何关系与他人发生过密的感情。或许表面上，他们还能与人正常相处，而一旦有人闯入，就表现为惊魂不定。

他们本着“不参与”的目的，令一切需求和品质为其服务，最明显的一个表现就是，很注重自力更生的能力，做事显现一副很有谋略的样子。我们之前讲过的对抗型人，在这种能力上与之相像，对抗型人能力也强，但这种能力是为了对抗世界，是为了战胜别人；而隔离型人的谋略，就像鲁滨逊的小舟，是要依靠它来生存的。这二者在内心的动机上就不同。

隔离型人的心中隐藏着一条行为规则，就是不和任何人或任何事发生密切关系，害怕自己对这些形成依赖。隔离型的人为了不依赖别人，有时候会有意或无意地限制自己的需求。记住这一点，我们才能更好地理解他们内心的那种自给自足，他们总是不希望任何人或事对自己有太大的影响。比如，独处给他带来快乐，但是这种快乐来自于他内心，而不是来自别人，那样的话他宁可不要快乐；偶尔和朋友出去玩玩也挺快乐，但他真的不喜欢社交；他回避竞争、声望和成功；对于自己的生活起居，他会做出限制，不会把大量的花费或精力用在这方面上；还有，他最怕生病，他认为生病就需要别人照顾，那也是一种依赖，很耻辱；他坚持亲自学习和理解某些知识，不相信他人的所说所见。我们必须承认，这种态度不会发展到荒谬的程度。比如，到了一个陌生的地方，依然拒绝向人问路，那对他形成宝贵的独立的特性，还是非常有利的。

隔离型人有一个明显的需求，就是保护自己的隐私。这就好比一个住宿的房客，喜欢在房门上经常挂着“请勿打扰”的牌子，即便是送报纸、书刊也不允许打扰。任何关于他个人生活的提问，他都会感到惊恐。一位患者曾经和我说，他现在45岁了，对上帝无所不能依然心存怨恨，原因就是妈妈告诉他，小时候咬手指时，那个全能的上帝都可以通过百叶窗看到。其实，哪怕是生活中最琐碎的小事，这位患者也拒绝透露。

一个隔离型患者，总自认为很“独特”，当发现别人没有对他另眼相看时，就会产生一种懊恼的情绪，认为自己被忽视了。通常情况下，无论是工作、睡觉，还是吃饭，他宁可都是自己一个人。这种情况和顺从型又截然相反，因为害怕被打扰，所以不愿意和任何人分享自己的经验。甚至听音乐、散步、与人交谈，这些事情也能带给他快乐，但这种快乐是他事后自己回味出来的，绝不是身在其中的时候感受到的。

隔离型的人追求绝对的自由，他自认为这一点很积极。他的自给自足和保护隐私，都为这一目的服务。这类人即便有缺点，也不是任人摆布的人，所以他的独立有一定的价值，我们不能否定。而且，他做事不盲目地跟风，不参与任何竞争，这些都为他树立了良好的形象。那么说他的做法就无可厚非吗？不是的，他错在把自由当成了目的，他忽略了一个事实，那就是“自由的最终价值是它能帮助你做什么”。而隔离型人追求的自由，不过是他远离他人的一个表现，这种不想被影响，也不想受强迫和束缚，不想承担任何义务的思想，其目的都非常消极。

隔离型人对自由的需求具有盲目性和强迫性，这一点与其他类型的神经症患者没有区别。这类人一遇到强制、影响和义务这样的事，就表现得非常敏感，敏感的程度直接决定着他疏远自我的程度。由压制表现出的敏感，不同的人身上表现的也不同。比如，服装、领带、腰带、鞋袜的规定，都会对人产生约束；比如，有的人身处隧道、矿井及所有视线被遮挡的地方，就感到非常的焦虑不安，虽然不能对这类现象做出完全解释，但它可能就是引发这种幽闭症的原因；比如，签订一份合同或者刚超过一年的契约，他都会想办法回避；比如结婚对于他来说，是一件很恐怖的事，因为那会和人发生亲密的关系，很危险，所以在婚前会感到很恐慌，由于需要被保护，所以除非他相信结婚对象能完全容忍他，或许这样能令婚姻的风险降低些；比如时间总是无情地流逝着，这对隔离型人也会形成一种压迫，他可能会选择每天上班都迟到五分钟，因为这种方式能令他保持一种自由的幻觉；比如列车时刻表之类的东西，也会对他构成威胁，于是，他拒绝看时刻表，自己想什么时间去就什么时间去，不管能不能赶上列车，他都会想“错过了大不了等下一辆”。隔离型患者最不喜欢受人指使，只要被限制按照某一固定方式去做的事，都会令他非常反感。即便有时候这并不是别人的真实想法，只是他自己猜测的，但只要是他有了这种感觉，就势必要反抗。例如，他平日里很喜欢送人礼物，但圣诞节或者生日，当他的朋友特别期待得到他礼物的时候，他偏又不送了。在他的心里，就是不愿意遵从那些约定俗成的行为准则和传统价值观。当然，为了不伤和气，他表面上也可能遵从，但内心却极度厌恶。对于别人的劝告和建议，他总认为是对自己的一种控制，所以即便是很合他心意的话，他也会一口回绝。不管是出于有意还是无意，在他心中，总有一种挫败别人的愿望，他的拒绝大概也出于这种愿望。

对优越感的需求，任何一种神经症都有，只不过隔离型患者的需求更加强烈，因为独处似乎与优越感有着内在的联系。比如，我们常听到的“象牙塔”理论，还有“独善其身”等词语，都是这方面的明证。实践证明，只有内心非常强大，优越感十足的人才能做到真正的独立，而隔离型患者独处时的优越感常常面临破碎（有可能遭遇失败，有可能内心的冲突过于激烈）。这时，他就不堪孤独，极力寻找被人喜欢、被人保护的感觉。这种波动在生活中经常出现，他十几岁或者二十几岁时，可能也有过一些不冷不热的朋友，但总的来说，他还是感觉很轻松独立。他憧憬未来，幻想着宏图大展，但后来，梦想被现实毁灭了。高中时他还名列榜首，可一到大学，在激烈的竞争面前，他就节节败退。在婚姻问题上，只要他经历一次失败，就会觉得心灰意冷。伴随着一次次挫折，随着年龄的越来越大，于是，他很难再忍受孤独。他开始希望拥有亲密的关系，希望感受爱情，甚至希望结婚。这种内心想法的产生也很自然，在他特别需要的时候，一旦有人示爱，无论如何他都会接受。在这种情况下，虽然孤立症状明显，但如果隔离型患者想寻求治疗，实际上，他只是想让心理分析师帮他寻找某种形式的爱而已，并不是他真心想接受治疗。只有当他产生自己足够强大的感觉时，他才会如释重负地发现，一切正常了，一个人生活是他愿意并且喜欢的。但在外人看来，他又回到了自我疏离的状态，就像旧病复发一样。但此时的情况是，他有充分的理由，他有十足的底气来宣告他想要的就是孤独。那么，这时候应该是对其进行治疗的最佳时机。

隔离型人的优越感有其特定的性质。由于他不喜欢参与竞争，所以他也不喜欢通过竞争来突出自己，超越他人。他认定，自己无须努力证明，别人也应该能看到他的内在美，即便是一些潜在的优点，不必主动去展示，别人也应该能感觉到。比如，在他的梦里，他可能就会梦到，有一个藏有大量财宝的小村子，而想一睹风采的人，正不远千里地奔向这里。梦境与现实的优越感一样，那些隐藏的财宝就代表着他本人的理智及感情生活。

隔离型人优越性的另一种表现，就是他自认为是独一无二的，这是他对隔离过于执着的产物。这种人如果把自己看作一棵树，那么他就一定是生长在山顶上的参天大树，不受那些丛林里的其他树木的干扰。假如在与同伴相处的时候，顺从型的人会想："他会喜欢我吗？"对抗型的人会想："对方的能力会很强吗？"或者"我能得到什么好处呢？"而隔离型的人最想知道的则是"他会干扰我吗？他会影响我吗？他是想让我一个人待着吗？"易卜生在《皮尔·金特》这个剧本中，用象征的手法，讲述了主人公皮尔·金特与纽扣铸造机相遇的故事。通过这个故事，他把隔离型患者被卷入人群后，所产生的恐惧描述得很生动。皮尔·金特认为他在地下的那间房子很好，就是非常害怕自己被投入熔炉，害怕被塑造成或改变成其他形状。在他心里，自己好比一条精美又稀有的东方地毯，图案和颜色的组合都是最好的，永远无须改变。他对自己不受外界影响感觉很骄傲，并鼓励自己一直坚持下去。他把这种对不变的珍惜当作一条神圣的、不可动摇的行为准则。他只愿意继续编织自己的图案，让它变得更加纯粹，更加鲜明，至于外力的改变，他不会接受。皮尔·金特也有一句简单的话，我认为那是挂在他嘴边上的谬论，他说："做好你自己就足够了。"

隔离型患者在感情生活方面，没有固定的模式，这一点与其他类型不同。顺从型患者追求的是温暖、亲近与爱，他也渴望在感情上获得温暖、亲情和爱。对抗型患者追求生存、控制和成功，他是想通过感情控制和利用别人，从而获得成功。这两种类型的人，虽然对感情需求的形式不同，却都是带有肯定的目标去追求的，都是很积极的。而隔离型患者呢？他不想卷入其中，他不想别人介入干涉，更不想被人影响，他的一切追求都带有否定性。所以，患者个体之间差别大。隔离型患者的感情，大多数取决于否定的前提下，能不能存在并且得以发展。当然只有很少的情感能符合这种要求。隔离型患者对待感情的态度是消极的，在消极的态度中存有多少欲望，决定了隔离型患者的感情生活状况。通常，这种欲望在夹缝中求生真的很不容易。

总而言之，隔离型患者会压抑自己的感情，甚至会不承认感情的存在。我想引用诗人安娜·玛利亚·阿密的一段话，这虽是一部未公开的作品，但这段话不但表明了这一倾向，也表明了隔离型患者的典型心态。故事的主人公，在回忆自己青年时代时说："我感觉得到，我与我父亲之间，不仅存在血缘关系，还有一种类似的亲缘关系。我也明白，我与偶像间存在崇拜和被影响的精神关系，但我不知道这里是否有感情的存在。有人说有感情，但我又说不清楚到底是什么感情。我觉得，说有感情的人，就像在其他事情上说谎一样，他们只不过是随口一说。有一位 B 女士，很吃惊的样子，问我：‘对于自我牺牲，你又作何解释呢？’对这个提问，我暗自惊恐，觉得她的问题有其合理性，但我的回答依然是，所谓的自我牺牲也是谎话，或者是因为存在亲缘关系或精神崇拜的缘故。我那段时期，极其向往单身生活，希望自己一辈子不结婚，希望自己变得更强大、从容和独立。我不是活在梦境中，我希望通过自己的努力，能变得更自由，能活得更清醒。我认为人生在世，生存第一，只要你真实地活着，不必管什么善与恶，道德的存在与否都没什么意义。说到罪恶感，我认为求得别人的同情与帮助那才是罪恶呢。我认为，最该守护的是自己的心，那就像一座神庙，神庙里上演的奇怪仪式，只有里面的祭师和守护者，才明白到底是怎么一回事。”

对于感情，隔离型患者很排斥，包括爱与恨。他认为，爱与恨都能令人与人更加亲近或产生冲突，所以只有排斥感情，才能很好地保持人与人的距离。沙利文的“距离效应”四个字，用在这里应该很恰当。也许有人会问，隔离型患者压抑了这种人与人的感情之后，在其他方面产生的感情会不会强烈些？比如，书籍、自然界、生物、艺术、美食等方面。这个可能性应该微乎其微。试想，一个感情充沛的人，释放内心的一部分感情，又压抑另一部分感情，而且被压抑的另一部分又有可能是主要的，能同时办到这样很难。以上属理论上的推测，而下面我说的这种情况，在现实中确实常见：那些有远离倾向的艺术家们，在创作时可以感受全部的感情，因为通过他们的作品，我们能看到蕴含着的浓浓感情。但青少年时期的他们，就曾经对感情反应迟钝或者极其排斥感情。一开始，他们也想与人保持亲密关系，一旦这种想法破灭，他们就会有意或者无意地与人保持距离，选择一个人独处，以便进入创作状态。最终，在与别人保持了距离后，他们在艺术、书籍、自然界、生物、美食等其他方面的情感，才得以表现和释放。这就说明，人们早期的自我封闭经历，是后来走向隔离的直接原因。

我们在研究隔离型人自给自足时，就曾提到过压抑人际感情的另一个原因，那就是所有能让他产生依赖、兴趣和感到快乐的事，都会被他视为背叛，然后刻意去压抑。他们觉得，凡事必须小心翼翼地分析，在确实不会失去自由的前提下，再把情感流露出来。因为这时，他的自由没有受到周围事物的影响，他是快乐的，而一旦发现自由受到威胁，哪怕是轻微的，他都会选择规避。在《瓦尔登湖》里，梭罗对此描述得很形象。他总是担心自己沉醉于享乐，会扰乱自由，于是他把自己变成了一位禁欲者。我们说这种禁欲，不是为了自我否定，也不是为了自我折磨，事实上，它很特别，或者可以称为自我约束类，我们说这样的禁欲方式还有其明智的一面。

在隔离型患者身上，也需要有一些感情的自然流露，用它来保持心理平衡很重要。比如，用心创作，就可能对保持心理平衡很有益。被压抑的感情，在分析治疗或其他方式的帮助下，被解救释放出来后，他们一定会获益匪浅，甚至还会出现惊人的奇迹。

虽然如此，对于这种治疗方式必须持谨慎的态度，当作人人可行就错了。这种方式根本无法彻底改变神经症基础，顶多是为隔离型患者提供失调程度较轻、他们比较满意的生活方式，达不到治愈的效果。

隔离型患者越压抑自己感情的同时，越重视理智。他希望所有的事情都能通过理性思维来解决。他相信理性思维可以帮助解决他身上的问题，并且也可以应对世上的一切难题。

讨论完隔离型患者人际关系存在的这些问题之后，有一点更明显了，那就是任何亲密或者长期的关系，都会对他的独处造成影响，以致产生很严重的后果，除非他的同伴是一个和他一样喜欢独处的患者，即使不是这样的患者，也是一个自己不喜欢独处，却能接受他独处的人。小说里，索尔维格对培尔·金特一往情深，一直等待他回到自己身边，是符合这种理想的好伴侣。索尔维格明白，自己不能对培尔·金特有过高的期望，否则就会吓跑他，他可能无法控制自己的感情。在培尔·金特的心里，自以为把最珍贵的、从未表达和体验过的感情都给了索尔维格，其实他付出的很少，这一点他根本不清楚。假如，感情能一直保持足够的距离，培尔·金特或许能做到持久的忠诚。也许他能与人进行短时间的交往，但这种交往应该经不起考验，碰到点小事，他就会终止这种关系。他也认为两性关系在人际关系中很重要，所以在短时期内，在不影响他生活的情况下，他还是很乐于享受的，但还有一点，这种关系又必须受限于特定的环境中。另外，他对这种关系持的还是冷漠的态度，骨子里就不希望任何异性侵入他的领地。所以，真实世界中的关系常会被想象的关系取而代之。

上述所有的特点，在分析治疗的过程中都会出现。在隔离型人心里，认为分析是对他私生活的最大侵害，所以他一直不喜欢分析。但也有一种情况他比较感兴趣，就是当他感觉这种分析确实有新意，能帮助他很直观地见到内心的复杂斗争，使他产生了好好审视自己的冲动，这时的他还是很希望听这种分析的。尤其令他兴奋的是，当他得知自己的梦很有些生动性，或者被人认为很有些自由联想才能，那么，他会像科学家的科学猜想被证实了一样快乐无比。他也会感激分析师对他的关心与帮助。但一旦他感觉分析师有强迫他的意思，或者他们的分析是朝着他非预想的目的，那他会生出反感。他总是担心分析师提出的建议，会给他带来危险，即便危险性很小他也不会接受，因为对他而言，为了时刻抵制外来的干扰，他早已经把自己全副武装起来。其实，根据实际情况验证一下分析师的分析是否正确，再采取保护措施是合理的，而他的做法是不管对错，只要不合自己的心意，就全盘否定。当然，他也不是直接反驳，而是表现出很有礼貌的模样。他当然也不想陷于那些苦恼的事情中，他也希望自己能尽快地解脱出来，但即便是醉心于自我观察，也潜意识地维持自我，坚决不做改变。他很厌恶那些总想改变别人的分析师，无论用什么样的方式。所有来自外界的干扰，他一律反对，这只是构成他目前处世态度的一个原因，其他原因，我们在下文还会慢慢讨论。在自己与分析师之间，他人为地拉开了一段很长的距离，在很长的一个时间段内，对他来说，分析师就像外来声音一样存在。他和分析师的关系，可能会以这样的方式出现在他的梦境里：站在美洲的分析师正与站在亚洲的自己通话，也和不同大洲上的人通话。这样的梦境，从表面看，只是他和分析师刻意保持着距离，实际上也清晰地展现了他的意识状态，也就是说，它不仅描述了现有的实际感受，也突出了他在整个解决问题的过程中是存在挣扎的。梦境的深一层含义是，他想与分析师拉长距离，不想再与他接触，也就是希望分析师及他的分析都不再与自己沾边儿。

最后，还有一个特点，无论在分析过程中，还是在分析过程外，我们能看的是隔离型患者只要受到攻击，他会坚决捍卫自己的独立。我们说所有的神经症患者都会出现这种现象，但隔离型患者的抗拒程度最为强烈，就像进行着一场生与死的搏斗，他会想尽办法反抗分析师的入侵。其实，在受到攻击之前，这种反抗就存在，是以一种带有破坏性的方式悄悄开始的，至于与分析师保持距离，不过是他反抗的一个表现。如果分析师试图让他相信，他们之间确有某种联系，如果分析师想进一步让他看到自己内心的冲突，那么，患者的反抗方式可能会委婉、巧妙一些，最多他会理性一点地对之表明自己的思想。这纯属是一种无意识的情绪反应，而一旦发生，他也会马上控制。因此，隔离型患者最为抵制的就是人际关系的分析治疗，由于他对这一概念的迷糊认识，导致分析师也寻不到一条有序的治疗途径。其实，他的抵制情绪也可以理解，与别人保持一个安全的距离，差不多已经成为他的习惯，所以一涉及这方面话题，他就会很敏感、很忧虑。在这时候，分析师若继续追问，对分析师的目的他就会顿生疑虑，是不是想强拉我融入人群？他不屑如此。若到了后期，分析师让他明白离群独处的坏处，他就会感到惊恐，感到烦恼，进而可能会产生放弃治疗的想法。分析过程外的反应可能更为强烈，也许看上去很温和、很有理智的一个人，当自由和尊严受到威胁的时候，你会看到他大怒、甚至对分析师恶语相加。参加某个团体或者去参加某一活动，当他意识到不是仅仅交点会费那么简单，还有可能更加烦琐的时候，他就会心生不安。一旦被卷入其中，他会想尽办法谋求解脱，恐怕那些生命受到威胁的人，也没像他这样穷极所想。就像有个患者说的，当爱情和独立摆在面前，任选其一的时候，他会毫不犹豫地选择独立。由此也引出隔离型患者的另一个特点：为了捍卫独立，不惜一切方式，不惜任何牺牲。他可以将现实的利益和内心的价值统统抛弃，也就是说，放弃一切影响他独立的想法，至于那些其他的想法，也会被潜意识自动压抑。

无论是什么东西，能受到如此强烈的捍卫，那它在主观上一定存有独特的价值。认识到这一点之后，我们才能理解隔离型患者的本质，进而达到治疗的目的。比如，我们在前面讨论过的几种倾向中，在对待他人的态度上各自都有积极的一面：为了打造自己与他人和睦相处的一种友善关系，患者采取“顺从他人”的态度；为了在激烈的竞争环境中，使自己变得更加强大，患者采取“对抗他人”的态度；为了能获得某种程度上的尊严和安宁，患者采取“远离他人”的态度。其实，从发展的角度来说，这三种倾向对人的成长有好处，也可以说是必不可少的。它们只有出现在神经症当中，才表现为具有强迫性、僵化、盲目和相互矛盾的特点。这些在很大程度上也降低了它原有的价值，但也不是说一无是处，还是存有一些优点的。

远离他人有很多好处。翻遍东方哲学，我们能够看到，孤独备受追捧，人们把孤独作为达到精神至高境界不可或缺的基础。当然，我们要把这种愿望与神经症的自我隔离区分开来。这里所说的“孤独”，出自于人们的自愿选择，是走向自我完善的一条好路子，只要愿意，就有可能过上另外一种形式的生活。而神经症里的“孤独”，不是出自于内心的自愿选择，它带有强迫性，对于神经症患者来说，是没有选择余地的、唯一的一种生活方式。当然，神经症患者也能从中获得一些好处，至于好处到底有多少，那得看他神经症严重的程度。神经症破坏性虽然巨大，但在隔离型患者心里依然保持着一定的诚信。不要忽视这点诚信，把它放在一个人际关系良好的真诚的社会环境中，可能这点诚信显得有些微不足道，但把它放在一个充满伪善、嫉妒、残忍和贪婪的社会环境中，那么，一个很单纯的人就很容易受到伤害。所以，与人保持距离有必要，它有助于维护自己的尊严。神经症患者内心渴求平静，自我隔离是他获得内心安宁的一个途径，按这种方式去做，获得的安宁越大，付出的牺牲也就越多。还有，孤独是患者为自己划定的一个结界，虽然他处于其中，并不一定就丧失全部的情感生活。那么，这种形式的隔离很有可能激发他某种独特的情感和思维。神经症患者也有一定的创造力，如果在他的神经症缓解的情况下，在他能够把自己对世界的想法表达出来的情况下，他的创造力还会得到一个提升。值得注意的是，这里千万不要误会，我是想说这种自我隔离可以帮助患者展示原有的创造力，并非说神经症患者的自我隔离是产生创造力的前提条件。

虽然自我隔离有这么多好处，这却不是隔离型患者拼命维护独立的主要原因。实际上，由于某种原因，一来他们得到的好处很少；二来这些很少的好处也会被随之而来的烦恼掩盖，我们说，在这种情况下，他们还是会不顾一切地捍卫它。这就把我们引到了进一步的观察和研究中：如果我们强迫隔离型患者与他人亲近，很可能会导致对方的精神一片混乱，用通俗一些的术语来表示就叫精神崩溃。之所以用这样一个词语，是因为这个词囊括了多种精神病态。比如，身体上的功能紊乱、酗酒、自杀、抑郁、工作停滞不前、精神错乱等。那么，患者可能就会想起“崩溃”前的一些事，误认为就是那些事导致的病因。那些事可能是无缘无故受到领导批评，可能是丈夫出轨，可能是妻子的吵闹，可能是一段同性恋，可能在大学里不受待见，可能曾经被人宠，连饮食起居都受照顾，如今就得自食其力，等等。其实，我们不能否定这些事真的可能是诱因，如果是这样，分析师应该仔细分析，尽可能地搞清这些症状，看看它们是如何导致患者精神崩溃的。当然，仅仅做到这一步还是不够的，还有些问题没有得到答案呢：神经症患者怎么会受到这么强烈的影响？看上去明明是很普通的一次挫折或者失败，也没什么的，为什么就使他整个心理塌陷了？所以说，作为一名分析师，不光要了解患者面对困难时做出的反应，更要弄明白为什么一个很小的诱因，会导致这么严重的后果。

要想回答这个问题，我们首先要正视这样一个事实：远离他人与前面讨论过的“顺从他人”和“对抗他人”这两种倾向的作用相同，都使神经症患者从中获得了安全感。当隔离型患者感到安全的时候，说明内心的疏离发挥着作用，如果一旦这种倾向遭受干扰，他就会感到焦躁不安。明白这些，就等于回答了上面的问题。隔离型患者与人保持一定的距离，他就会感到安全，一旦这种距离遭遇危机，不管出于什么原因，他都感觉受到了威胁。这就是为什么他无法与人保持距离时会非常惊恐的原因。还要补充一点，惊恐为什么表现得那么强烈呢？因为他缺少应对生活的技能，所以只能靠隔离这种手段来逃避。从这一点上看，隔离型患者之所以与另外两种倾向有区别，主要是它包含了这样消极处事的态度。再说得明白点就是，面对困难时，隔离型患者既不会妥协，也不会对抗；既不会合作，也不会进行抗争；既不表现得情感丰富，也不是没有一点感情。就好像一只困兽，遇到麻烦时，除了逃跑和躲藏，根本想不出其他的安全措施。在患者的联想或者是梦境里，他像是一座中世纪的城市要塞，当城墙被攻破的时候，外面的敌人会长驱直入，无法阻挡。就是在这样的状态下，他的生活中充满焦虑，费尽心机地与人保持距离。他是把隔离作为了一种重要的防御手段，竭尽所能，紧抓不放，让它成为别人攻不破的一道屏障。其实，所有神经症倾向，本质上都是为了防御，只不过其他类型的患者，都是以积极的态度做出努力，隔离型则与之相反，当疏离占有主导地位时，他就把自己隔离在现实之外，变得孤立无助。也正因为这样，到最后，疏离成了他最重要的防御方式。

隔离型患者努力维持这种独立倾向，还可以进一步解释为：这种自我隔离遭受威胁，这种自我维护屏障被打破，都可能给他带来长期的恐慌，久而久之，还可能导致精神紊乱，甚至人格分裂。如果在分析的过程中，自我疏离的状态被打破，那患者就不仅仅是不安，会直接或间接地表现出恐惧情绪。之所以恐惧，是因为他没办法处于自己的小圈圈里，面对人群就等于丧失了独立性，很恐惧；相当于把他自己赤裸裸地暴露了，不得不面对具有攻击性人的威胁和利用，而他又没有抵抗能力，很恐惧；还有一个恐惧原因，就是害怕精神失常。这种可能性很大，因此，他很害怕这种情况发生。这种精神失常不同于平常所说的发疯，也不是出于不敢承担责任的做作，它就是一种对人格分裂的恐惧，经常出现在梦境中或者联想中。这种情形相对于他来说，放下自我疏离，就必须直面自己的内心冲突，承受不住压力时，就形如一棵大树，遭受雷电的打击而变得支离破碎。在我的患者中，有人曾出现过这种幻想，他根本接受不了，也没有能力获得重生。通过观察，这样的假设已经被证实。提起内心冲突，隔离型患者非常厌恶，甚至有一种难以克服的厌恶心理。所以，当分析师提到这一问题时，他会说自己根本听不明白。即使分析师成功地令他感觉到冲突时，他也会本能地避开话题，娴熟地进行左右闪避。其实，还真是麻烦，当他没有做好准备承认冲突的时候，你让他意识到存在冲突，那么他会恐慌，而当他逐渐认识到冲突的时候，又必须是在一个安全的前提下，这样又会使之表现出更大的疏离。

这样看来，隔离是患者面对冲突时所采用的一种自我防御方法，是基本冲突的一个组成部分。这样的结论好像有些难以理解，但仔细分析不难明白。自我疏离是一种自发的也是最积极的应对基本冲突的策略。这里，我想重申的是，在基本冲突当中，无论是哪一种倾向占主导地位，都不会影响另外两种倾向发挥作用，这一点应该牢记。其实，在另外两种人格身上，这样的相互作用不明显，只有在隔离型患者身上，表现得特别清晰。在这类人的成长过程中，往往是经历了顺从依附，经历了对抗，然后才形成的自我疏离。自我疏离型患者的价值观没有另外两种类型的价值观清晰，表现得矛盾重重。他把自己心目中的自由与独立看得高于一切。在分析过程中，有时对善良、宽容、慷慨、自我牺牲等品质欣赏有加，有时又把丛林哲学里弱肉强食的牌子举得高高的，把利己主义看作生活中奉行的准则。他想方设法把冲突进行装饰，淡化其中的矛盾。面对这种情况，分析师应该有纵观全面和掌控全局的理念，不然的话，很容易被患者误导，顺着一个方向一路追踪，追着追着，最后追进了一个死胡同。这很有可能，因为患者在一个隔离的空间里避难，就像是钻进轮船里的隔水舱，封住了分析师的追踪通道。

其实，隔离型患者在这种特殊的反抗模式中，隐藏着一条看似简单又很严密的逻辑，那就是不想看清自己，不想与分析师产生瓜葛。也就是说，他不想弄明白自己与别人的关系，更害怕正视自己的冲突。基于这种原因，他才对冲突的起因表现得冷漠。隔离型患者内心深处就希望独处，不需要关心，不需要任何关系，即便关系失调，也未必都是自己的责任，只要能与他人保持一个安全的距离，一切都无所谓。他固执地认为，自己在隔离之中最安全，当分析师指出他内心冲突的时候，他宁可装作一无所知，免得惹祸上身，徒增烦恼。前文我们说过，他这种无意识的逻辑，应该说从某种程度上具有一定的积极意义，但总这样逃离现实，也使他失去了成熟与发展的机会。

让冲突无法发生威力，是远离他人这类神经症患者的首要功能，是这类人借助逃避来对付冲突的一种手段。虽说极端些，但也算有效。当然，和大多数神经症一样，看似积极的作用只浮于表面，并不能真正解决冲突，因为他无法彻底摆脱对亲密、控制、利用和功名的渴望。这种隔离带有强迫性的需求，纵然还没有达到精神崩溃的程度，也令他的内心一直充满忧虑。只要他陷于这种相互矛盾的价值观中，他就无法获得内心的平静与自由。

第六章 理想化意象

在讨论神经症对待他人基本态度的同时，熟悉了患者试图解决冲突的两种主要办法，准确地说，是两种用来应对冲突的方法，一种方法是压抑某一人格倾向，进而使它的对立面更加凸显；另一种方法是与他人保持一定的距离，从而避免冲突的发生。这两种方法都能发挥各自的功能，给患者带来一种统一感，当然也会付出很大的代价。

除此之外，他们还尝试了另一条解决途径，就是为自己创造了一种“就是”意象，或者在某时某刻“觉得是”或“应该是”的意象。无论是有意识还是无意识的，这一意象都已经偏离了现实的轨道，实实在在地影响着神经症患者的生活。并且，这种意象能给神经症患者带来满足，在满足中享受一种欲罢不能的快感，就像《纽约客》上的一幅漫画：一位原本体态壮硕的中年女子，站在镜子前看到的自己居然是位很苗条的姑娘。这种意象特征很多，具体取决于患者的人格结构，就像物取所需，有的人在这种意象中想突出美貌，有的人在这种意象中想突出的就是善良、才能、爱心、诚实或是某种权利，等等。当然，所有的意象都是患者自己的想象，并非真实存在。而这种不真实竟然令他颇感“优越”。这个“优越”一词，经常被当作“傲慢”的同义词，它真正的意思是，他们将自己不具备，或者将来可能具备但起码现在还不具备的品质看作是自己的品质了。这个假想出来的“优越”，在现实中脆弱得不堪一击。事实上，若真的拥有了这些品质，又何需别人的认可呢？所以，他们敏感的都是自己希望拥有，但实际上并不具备的品质，是担心有人对此提出质疑。

这种理想化的意象，在精神错乱的病人身上表现得最明显，而在神经症患者身上的表现虽说大体一致，但也有区别。神经症患者幻想的成分少了些，但也显而易见，起码在他们心中都认为是真实的。如果我们把这种理想化意象与现实的偏离程度，作为区分精神错乱症与神经症的标准的话，理想化意象就可以看作是神经症与轻微精神错乱症的混合物。

从本质上看，理想化意象是一种无意识现象。即便不是这方面的专业人士，也能看出患者表现出来的自我沉醉，而患者本人对这种理想化是毫无察觉的。同时，他对这种理想化意象包含了怎样的怪异，同样是一无所知。他甚至还自认为是对自己的一种高要求。他误把自己对完美的一种追求，当作了现实中的理想，不但没有怀疑它的正确性，甚至还引以为傲。

神经症患者创造出来的理想化意象，直接影响他本人的态度，影响程度取决于他的兴趣焦点。如果他的兴趣在于确认那就是自己的理想化意象，那他就会觉得，自己真的是一个才华横溢、完美无缺的人，即便身上有缺点，就连那缺点似乎也是别具一格的。如果当患者认清现实中的自己，发现现实与理想化意象遥不可及的时候，他就会轻视自己，贬低自己。这分贬低同时被神经症患者过度夸大，和理想化意象一样也是脱离了实际，我们把这种自我形象称之为鄙视意象。还有，当神经症患者意识到现实中的自己确实与理想化意象有距离时，他也会想法设法企图缩短差距，以便维护自己的完美形象。这时，也许他会不断地重复“我本该”：我本该有那种感受的；我本该如何如何做的；我本该如何如何想的。似乎他本就完美，这与自恋者的情形有些相似。在他的心里，觉得只要对自己严格要求一点，只要自己考虑得周到一些，只要自己小心一点，只要自己再自律一点，他就一定会变得很完美。

理想化意象与真正的理想不同，理想化意象是一种静止的东西，就像是一个人所膜拜的毫无生机的泥偶，存在于虚幻之中，无法成为现实。真正的理想是有能动性的，他能激发人们努力的欲望，成为人的成长与发展过程中不可或缺的一种力量。理想化意象要么对缺点视而不见，要么是过分谴责自己的缺点，所以说它牵制了人成长的脚步。我们说，真正的理想能使人变得更谦虚，而理想化意象往往使人心高气傲。

虽然，人们对于理想化意象的认识各有不同，但很久之前，人们就明确意识到了它的存在，并在不同时代的著作中有过记载。弗洛伊德在神经症理论中就提到过，并且将之称为自恋、超我、自我理想等。阿德勒也把这种意象当作心理学的核心问题进行研究，还称其为“为当人上人所进行的追求”。在这里，没有必要详细谈论他们的观点与我的观点有何区别，那样会显得有些偏离主题。但我可以简略概括一下：这些理论顾及的都是理想化意象的某一方面，没能很好地掌控全局。包括弗洛伊德、阿德勒、弗朗茨·亚历山大、保罗·费登、伯纳德·格鲁克、欧内斯特·琼斯在内，对这一意象有怎样的影响力及它的重要性，这些科学家都没有真正认识，当然也没有留下详细的论述。

理想化意象的一大重要性表现在，它能满足人们的基本需求。关于这一点，科学家们是一致认可的，不管从怎样的角度来分析，他们全部将其认定为是神经症患者的坚固堡垒，很难攻破。弗洛伊德在他的论述中也说过，神经症患者根植于内心的“自恋”，是阻碍治疗的最大障碍。

理想化意象最根本的功能，就是令人脱离现实、妄自尊大、无端自信。一个神经症患者，他所有的经历都带有破坏性，现实没有给他自信的机会。当然，不是说一点点自信都荡然无存，然而，即便是还有一点点，因为它赖以形成的主要条件总是被破坏，所以，这点自信也会在神经症的发展过程中被逐渐消弱。那么，建立自信的关键条件有哪些呢？主要表现为个人情感上的活力、向着真实目标不断前进、在生活中主动掌控人生。而这几个因素在神经症的发展史上，又很容易被摧毁。我们看一下这个摧毁过程：首先，患者本人的决策能力被逐渐减弱，不能主动做出决策，一切带有强迫性，都是被动地在做。其次，主动性减弱之后，就变得更加依赖他人，如一味地顺从他人、对抗他人、远离他人等，有了这些依赖，更加不知何去何从。最后，患者内心的真实情感被压抑，原有的情感能量也丧失了应有的作用。这些原因使他要实现自己的目标变得很渺茫，而且，还有重要的一点是，患者失去了本真这个立足根基，盲目地夸大了自己的能力和重要性。这时的他真实的自我与理想化意象之间的距离越来越大，这种冲突最终会造成人格的分裂。这样解释了患者为什么相信自己能力巨大，同时他对理想化意象越来越依赖。

理想化意象的第二个功能与第一个功能密切相关。神经症患者无力面对这个处处有敌人的世界，认为只有逃避才不会感到脆弱，他时刻害怕别人欺骗他、羞辱他、控制他、战胜他，所以他总是把自己与别人进行比较。这种比较不是他的虚荣心在作怪，也不是因为他喜欢幻想，而是在现实的威胁下产生的。在现实中，他确实觉得自己很卑微，很脆弱，于是，他便努力在自己的身上寻找，寻找一些比别人有价值的东西，让自己减少自卑，生出良好的感觉。为此，不管是觉得更高雅的还是更加无情的，不管是友好的还是更加愤世嫉俗的，他必须让自己感受到优越感，当然，这里都包含了他想要超过别人的倾向。我们知道，无论是哪一种神经症患者，都会觉得自己是脆弱的，内心里都会有一种被别人轻视，甚至是被羞辱的感觉。为了消除这样的屈辱感，他就需要一种报复性的胜利，大多数情况下，就表现为想战胜别人。这种想法，表现在神经症患者身上，有时候是有意识的，有时候是无意识的，有时候不过是想想罢了，有时候又会真的付之行动，不管怎样，都体现了神经症患者对优越感的追求，同时为优越感披上了一件神秘的彩色外衣。如今的现代文明，竞争无处不在，它不仅对人际关系造成了干扰，同时，想要高人一等的盲目追求也促进了神经症的形成。

理想化意象的第三个功能，是用它的理想化意象取代真实的理想。在前文中，我们对理想化意象如何取代人们真实的自信已经有所了解，接下来我们探讨另一种取代功能。神经症患者的理想是互相矛盾的，就连患者自己也认识模糊，所以对患者没有约束作用，也缺乏实际指导意义。神经症患者自创了一个理想化意象，是这种意象给他的生活带来某种意义，若没有这样的支撑，他一定会失去真正的生活目标。所以，当他的理想化意象一点点破碎的时候，他会格外失落。这一点在各种分析案例中很明显。也只有这时，神经症患者才会意识到自己的理想存在问题，是一种不可取的理想。也许在这之前，他口头上也说对这类问题重视，其实心里是不感兴趣的。他这时才第一次意识到理想的真实意义，想要弄清自己理想的真面目了。我认为患者的这分体验就证实了理想化意象对真实理想的取代作用。理想化意象的这种功能，对临床分析很有意义，分析师可以根据它，在治疗早期就指出患者价值观上存在的矛盾，当然，不要期望患者在这时候表现出积极的态度，只有当患者真正地放弃了理想化意象时，才能修正他的价值观。

理想化意象还有一个僵化的特点是一种特定功能造成的。如果总觉得自己很高尚，很完美，那么，一些明显的错误或者缺点，就会被人为地隐藏起来，显露的就全是优点了。这就好像在原本破旧、斑驳的墙壁上，被人画了一幅美丽的作品，在患者的眼里是一种褐色、灰色和浅红色的完美组合，不再是它本来破旧的模样。

理想化意象的第四个功能是防御。为了更深地理解这个功能，我们先提出一个简单的问题：一个人会把怎样的特征看作是自己的错误和缺点呢？这个很难回答，因为有很多种可能，但有一种相对来说比较具体的答案：一个人把什么当作自己的错误和缺点，取决于他接受什么或是排斥什么。在文化条件相似的前提下，基本冲突中占上风的因素起决定作用。比如，对顺从型的人来说，软弱无助不是缺点，是很正常的感受，而对抗型的人就认为是奇耻大辱，极力掩饰，避免被发觉；顺从型的人把对他人的敌视和攻击认为是错的，而对抗型的人就将他的温顺当作软弱，极力鄙视。无论是哪一种类型的人，都不会承认他自己接受的那些优点实际上只是一种假象。比如，顺从型的人当然不会承认他的友爱和大度其实是假的；隔离型的人也经常否认，并非是自己选择的与人保持距离、保持冷漠，都是因为自己无法应付别人。我们看到这两种类型的人都不承认自己的施虐倾向（这点在后面还会讨论）。因此，我们也可以得到这样一个结论：任何被患者视为缺点、不被承认的东西，都是与患者对待他人的态度不协调的东西。

换种说法，理想化意象的防御功能就是否认冲突的存在，这也是理想化意象之所以僵化的根由。在此之前，我一直弄不明白，让患者相信他自己其实并不重要，并不优秀为什么会那么困难？现在看来，一切都比较清晰了。患者之所以毫不退让，是因为只要他承认了那些缺点，就得面对自己内心的冲突，那会威胁到他已经建立的那些虚假和和谐的。我们可以总结为：理想化意象的僵化程度与冲突的激烈程度相关，冲突越激烈，也就说明理想化意象越复杂、越僵化。

理想化意象除了具备上述四个功能外，还具备第五个功能，这一功能也与基本冲突密切相关：理想化意象不仅能把不想面对的冲突掩盖起来，还具备一个积极的出发点。这也算是患者自创的一门独特艺术，把多种价值观统一在一个界面里，尽管它只是一个假象，但至少在患者本人看来是统一的。接下来举几个例子，简单说明一下，看这几种冲突是如何出现在理想化意象中的。

X是这样一位神经症患者：在他的心中顺从型倾向占主导地位，他极度渴望得到别人的友爱、认可以及照顾，希望自己变得富有同情心、慷慨、温柔、友善；不仅如此，在他的内心还有隔离型倾向占据着内心冲突的第二位。这让他很害怕别人强迫他，他讨厌聚会、喜欢一个人独处，以免与他人建立联系。他有着渴望亲近人的需要，同时又有隔离型因素与之相互冲突，导致他在社交与情感上出现混乱。不仅如此，他还有较为明显的攻击倾向，凡事都希望自己第一，有的时候是间接支配别人，有的时候是利用别人，同时一旦遇到阻力，他便无法忍受。这种倾向又与他的隔离倾向是冲突的，结果无论是择偶还是交友进行得都不顺利。这样的情形他并不自知，还虚构了一个理想化的意象，兼容了三重角色：他是一个善良友爱之人，女人都应该喜欢他，他是良师益友；他是一位万人敬仰的领袖，是时代的精英；他是一位智者，是一位哲学家，领悟了人生的意义和生命的价值。

这种结构的理想化意象，并非完全是幻想，其实，在这些方面，患者确实有一定的潜力，只可惜他把潜力当作现实，当作已经取得的成绩来对待了。当他自以为很有天赋和才能时，没有意识到存在的强迫性，还以为这些都是与生俱来的。他没有意识到，自己对感情的渴望与认可其实是一种神经症需求，还认为自己拥有爱的能力；他没有意识到，超越别人的渴望具有强迫性，还以为自己本就很杰出；他同样没有意识到，想独处并非是自由的选择，还以为自己很独立很聪明。最后，他用下面的方式把冲突掩盖了起来：现实中，他把相互冲突的几种驱力提高到一个不切实际的完美高度，并且把它当作丰富人格中相容的几个方面，然后又将冲突的三个方面隔离开来，构成了理想化意象的三个完美角色。

将冲突的因素隔离开来，会有怎样的重要性呢？我们看另一个例子。Y 这个人的主要倾向是自我隔离，在他的身上不仅仅有隔离倾向的全部特征，并且表现得十分明显。同时，他身上也有较为明显的顺从倾向，因为这一倾向与他渴望独处的需求相悖，所以又被他有意或无意地忽略了。其实，他的内心也偶尔会产生与人亲近的冲动，也想努力冲破自我压抑的外壳，选择与人友好相处，但由于与他的隔离需求冲突，所以他只能在想象中把自己变成一个无情的人。他幻想沉迷于大规模的杀戮中，把所有干扰自己的人统统杀死；他公开标榜自己是一个信仰丛林哲学的人，信奉强权，认为追求私利无可厚非，他认为这样的生活才是真实的。所有这些都存在于他的幻想中，实际上，他这个人非常胆小怕事，只有在某些极特殊的情况下，或许他才能强硬一回。

我们说Y的理想化意象堪称一个奇异的组合：绝大多数时间，他就像一个独居山林的隐士，很睿智；偶尔他又像个狼人，表现为没有人性，喜欢杀戮；另外，他还认为自己是别人最好的朋友或恋人。

通过这个例子，我们可以看到，在Y的心目中，他错误地将潜在的一些可能当成了现实，又盲目地自视清高，否认自己存在神经症倾向。但那些冲突没有被尝试着缓解，所以依然存在，只不过与真实的生活相比显得简单了，因为患者把它们分割开来了，看上去相安无事。这种隐而不见正是患者想要的，因为在他的心中，冲突就这样“消失”了。

再举一个理想化意象更具统一性的例子。Z是一个对抗型倾向占绝对优势，同时伴有施虐倾向的人。他所表现出来的就是狂躁蛮横，总想让别人受他控制，总习惯在野心的驱使下一路向前。他擅长谋划，有组织能力，敢于反抗，而且是一个丛林哲学的信奉者。他也喜欢独处，但因为强烈的攻击倾向促使他总与一群人搅在一起，所以没法保持孤傲。但他没忘了保持警惕，既要把自己排除在人际关系之外，又不让自己享受与他人在一起的快乐。能做到这一点，是因为他压抑了自己对别人表达友善的感受，只把对亲密关系的渴望限制在性的范畴之内。他身上顺从的倾向及渴望被认可的需求，都限制了他对权力的追求。在他的心中，也会有一套他自己的道德标准，这样的道德标准当然与他奉行的丛林哲学极端不符，所以，他主要用它来控制别人，情不自禁地指向自己的时候很少。

在Z的理想化意象里,他仿佛一位身穿甲胄的骑士,勇敢睿智,追求正义。为了使自己成为一名正直英明的领导者，他纪律严明，不惜使用铁腕手段。他真诚潇洒，他被所有的女人喜欢，但他本人绝不会钟情于任何一个女子。这和前面的例子一样，Z也达到了自己的目标,所有基本冲突的各种因素混合在一起,貌似很统一。

理想化意象也是患者为了缓解冲突而做出的一种尝试，这和我们前面探讨过的其他尝试一样重要。它有强大的主观价值，可以像黏合剂一样，把分裂的人格碎片黏在一起，尽管它只存在于神经症患者的臆想中，但对患者与他人的人际关系却起到了决定性的影响。

如果有人把理想化意象定义为虚假的或幻想出来的自我，那就只说对了一半，很容易将我们带入误区。我们说理想化意象是患者仅凭主观愿望创建出来的，是不是有些不可思议，尤其说它发生在一个很本分的人身上，是不是会更惊讶？其实，理想化意象也并非毫无依据，它也是和现实中多种因素交织在一起、共同作用的结果。虽然有很多的成就仅是患者幻想出来的，但其中也确实潜有他的能力，所以我们说理想化意象通常也反映了患者的真实理想。确切地说，理想化意象产生于神经症患者内心真实的需求，有了这样的需求，他才创造出这样的理想化意象。它对患者产生了影响，影响力是非常真实的。所以，我们只有掌握了理想化意象的特点，才能更好地了解神经症患者的真实性结构，因为它的产生也有规律可循。

无论怎么说，理想化意象中终究掺杂了异想天开的成分，但在神经症患者心里，认为它是真实的。因为认定是真实的，所以他也认同这种意象，而伴随着这种认同，真实的自我会越来越淡化。正是因为理想化意象的作用，产生了患者这种是非颠倒的结果，理想化意象的功能就是抹掉真实的人格，并突出被理想化了的自我。能佐证这一观点的案例很多，我们在其中看到了，很多患者把理想化意象当作他们救命的稻草。这也解释了，当他们遭受攻击时为什么会拼命的反抗。如此看来，那种反抗也是合乎情理的，至少是合乎逻辑的。虽然，理想化意象幻想的成分多，但只要患者不那么认为，他就可能从中获得存在感、成就感、优越感和统一感。所以，当他觉得自己比别人优秀时，他就觉得自己有资格向别人提出要求。而一旦自己形象被破坏，就会生出危机感，会认为自己是渺小的、卑微的、多余的，当然也没资格提要求了。更严重的是，这时候他就得面对自己的冲突，甚至有被冲突撕裂的可能。也许这时分析师会告诉他，这种感受来得蛮珍贵，如果这时抓住机会，更有可能改变自己，成为一个全新的自我。但这种转变是需要时间的，起码目前对他起不到作用，因为他还不敢冒这个险，他有的就是恐惧。

理想化意象主观价值巨大，是不是它的地位就非常稳固了呢？事实上不是这样的，因为它本身存在弊端。首先，因为它有很多虚构的因素，所以这座看似装满珠宝的大房子里，形如装满了炸药。当神经症患者一旦遭受批评或者质疑，或者察觉到有和理想化不相符的地方，他内心的冲突就成了引线，可能被点燃，导致“大房子”的崩塌。神经症患者只有严格自我限制，才能避免这样的危险。比如，没有把握的任务不接，得不到人家赞赏和奖励的地方不去，甚至讨厌为此付出努力。他认为，自己是个天才，只要拿起画笔就能画出一幅杰作，所以在他心里，对于那些经过努力获得成绩的人，他很是瞧不起。真要自己像 ××× 一样卖力，那简直说自己是个庸人，等同于一种羞辱。但实际上，任何事情不努力怎能成功？所以，他追求的一个个目标都因为这种态度而变得遥不可及，也就是理想化意象与真实自我的距离变得越来越大。

患者期待得到别人的赞美、肯定甚至是崇拜，但这些带给他的也不过是暂时的安慰。他可能不自觉地就会憎恨那些有成就的人，或者那些在知识、见解或者处事等方面比自己强或者较为优秀的人，因为有他们在，就对自己的预期造成了威胁。他越是执着于理想化意象，就觉得这种厌恶越强烈。或者当他的傲慢遭遇打压，他反过来又去崇拜那些公然宣称自己重要而蔑视他人的人，因为从那些人身上他看见了自己的影子。但总有一天，他会发现，那些在他心中“神”一样的人物，根本不会在乎他，只关心他给他烧了多少香火，那时他必定会陷入绝望中。

理想化意象可能产生最严重的后果，就是令人脱离自我，压抑或扼杀自己最重要的品质。这些都发生在神经症的形成过程中，即便具备神经症的特征，但也会在不知不觉中令人失去自我。具体情形是，他会忘记自己的真实感受，乃至曾经喜欢什么、抗拒什么或者是相信什么，总而言之，忘记了自己原本的模样，完全活在理想化意象当中。詹姆斯·巴里的小说《汤米与格里泽尔》中的汤米就是个好例子，他的情形很有说服力。他相当于用一些无意识的伪装和一些合理化的借口，为自己编织了一张无法脱身的“蜘蛛网”。他对生活几乎失去了信心，就好像生活着的不是他自己一样。因为他都弄不清自己到底想要什么，所以很难做出决定。当出现了困难和麻烦时，才恍然大悟，原来是对真实的自己知道得太少，所以才会出现这样的局面。要想正确面对这些，还要认识到，是一方虚幻的面纱遮掩了内心，而且还在向外界不断地伸展。前不久，有一位神经症患者对他这种状况做了总结，他说：“若不是真实世界的干扰，我本可以过得比现在舒服。”

神经症患者创造出理想化意象，其本意是为了消除基本冲突，虽说这种意象也给他带来了一些好处，但使神经症患者的人格出现了新的裂痕，其危害远胜于好处。换言之，理想化意象是在患者对真实的自我无法容忍的时候创建出来的，从外表上看，好像是弥补了现实中的不足，可最终的结果是他依然无法直面自己，甚至产生藐视自己的怨情。也就是说，当他把目标定得过高，一旦发现根本达不到的时候，会更加懊恼。他会在自恋与自卑中苦苦挣扎，就像在半空中悬浮，找不到一个可以供自己栖息的地方。

于是，新的冲突又产生了。一方面，他在互相矛盾的两个倾向上追求完美，还是带有强迫性的；另一方面，他内心失去平衡，导致了他的自我压抑和固执己见。这种固执引发的后果，简直和历史上那些独裁的政客们一般无二。这类人有时候觉得自己的固执是对的，认为自己的做法和内心的想法很一致；有时却想为了目标要不懈奋斗；有时候又想对抗，根本不想去完成内心强加给自己的那些任务。

假如患者的反应是第一种，认为自己做得很完美，那他的表现近似于一个“自恋者”，这样的人察觉不到自身存在的裂隙，不会接受任何批评。假如他属于第二种，那他的表现就是形式上的完美，如同弗洛伊德口中的超我型。如果他的反应属于第三种，那他会表现为对一切持怀疑态度，什么事都不愿承担责任，是一个行为古里古怪的人。

我上面用“表现为”三个字，是因为患神经症者无论做出哪一种反应，其本质上都形同一种挣扎。包括那种平时自诩“自由”的对抗型患者，也试图推翻这种标准。反过来，他用这个标准衡量他人。这证明他并不能摆脱自己的理想化意象。这很有可能促使他从一个极端走向另一个极端。比如，某一时刻，他忽然想做一个大好人，可做了也没有从中得到安慰，于是他来个180度的大转弯，又坚决反对这种“好”的标准。也有可能，某一时刻，他忽然从孤芳自赏中醒来，开始转向追求完美。更多的时候，我们看到的是各种态度的混合体。如此，我们认识到：他所有尝试都失败了，这是从一开始就注定的必然结果，这样的事实用我们的理论可以解释。他把逃离当作难以忍受现状之时的解决办法，我们看到，在每一种困境中，它被广泛尝试，一个又一个地轮番尝试。

这些尝试组合起来，成为真正发展的巨大阻碍。这类人连自己错在哪儿都不知道，更不用说在错误中吸取教训了。他并不在意自己还有什么发展，因为他认为自己已经成功了。即便是他想成长起来，也意味着就是创造出一个更完美，看不出什么缺点的理想化意象来。

因此，分析师的任务就是让患者全面认识自己的理想化意象。只有这样，患者才能明白理想化意象有怎样的功能，以及主观价值是什么。只有这样，神经症患者才能认识它会给他带来怎样的苦恼。当然，让神经症患者做到这一步，也许神经症患者会非常犹豫，不知道自己值不值得做出这样的牺牲。总而言之，理想化意象是患者出于心理需要创建出来的，所以想摆脱它，必须消减自己的心理需要，停止对理想化意象的创造，做到不再依赖它。

第七章　外化作用

我们已经看到，神经症患者为了缩小理想化意象与真实自我的差距所采取的尝试，而看似极其努力的尝试却并没有消除差距，相反，最终使差距变得越来越大。或许是理想化意象的主观价值巨大的缘故，所以神经症患者才想方设法说服自己接受。我们看到他为了达到目的，尝试了很多种方法，这些方法我们会在下一章继续探讨，这里只谈论一种。我们要讨论的这种，也许人们对它知之甚少，但它对神经症结构的影响却很深刻。

我把这种方法定义为“外化”，它是这样一种倾向：神经症患者把自己经历的内在变化过程，感受为是发生在自身之外的事情，所以，认为是那些外在因素给自己造成了麻烦。外化作用是把责任推出去，目的也是回避自我，这一点与理想化意象没什么区别。而不同的是，理想化意象是先塑造一个理想化形象，依然以自我为基础，然后对自己的真实人格进行修饰和再创造，他的行动范围没有跨出自我区域。外化作用则是完全彻底地抛弃了自我。简单地说，神经症患者在躲避基本冲突的时候，他为自己创建了一个理想化意象，但现实中，他发现理想化意象与真实的自我之间差距越来越大，甚至达到无法忍受的程度，他已经不能从那里获得解决冲突的方法，这时候，他选择的是自我逃离，也就是置身事外，一切都是外在因素的作用。

这些现象中的一部分，可以用“投射”这个词来概括，它的概念就是，把自身的某些倾向或者品质都看成是其他人身上的东西，当然这些倾向和品质都是自己不喜欢的，如伪善、卑微、背叛、野心及懦弱等。把自己有的东西抛给他人，那么用“投射”二字很恰当，而外化作用在这里，又不仅仅包含了“推卸”，也就是说不仅仅包含了转移功能，转移责任只是它功能的一部分，它包含的应该更全面。在这类人心里，不仅把错误当别人的，有时候还把自己身上的一些感受也当成是别人的。比如，一个有外化倾向的人，他可能生活在一个相对弱小的国家里，他深深地为这个国家的危机而忧虑，反过来却看不到自己正处于危险之中。他可能会理解和感受别人的绝望，反过来对自己的绝望近似于麻木。尤其重要的是，神经症患者自己察觉不到自己的态度。例如，他好像感觉别人对他有怨气，实际上他是在对自己发怒，或者他在和自己生气的时候，还以为是在生别人的气。不仅如此，更进一步说，他不仅仅把这一系列的干扰归咎于外因，甚至把自己全部的快乐、苦恼及取得的成绩成就等，都认为是外部因素决定的。一旦成功了，他会认为是运气好，倘若失败了，他会说是命中注定，就连自己心情好，他也会说是因为天气好的缘故。

如此我们可以想象，一个人倘若把自己的好日子坏日子都与别人扯上关系，那他自然会把全部心思用在别人身上，会想如何影响别人，如何改变别人，如何惩罚别人，如何保护自己免受别人的干扰，或者也会想如何取悦别人，给人家留下个好印象，人家自然会对他有好感。基于这些原因，他当然有依赖别人，依赖外部环境。值得注意的是，他这种依赖和我们前文提过的讨好型对被喜欢的依赖是不同的，外化作用还表现为对外界环境的过分依赖。比如，他对住在市中心还是郊区，吃这种食物还是吃那种食物，是应该早睡还是应该晚睡，加入这个团体还是加入那个团体等这类问题，他都非常看重。荣格把这种特质称为“外倾性格”，说它是气质倾向片面发展的表现，而我认为，这是神经症患者尝试着解决内心冲突而得到的一种结果。

外化作用还能导致一个后果，那就是患者能痛苦地感受到一种空虚感，一种肤浅感。然而，这种感觉又往往被患者搞混淆了。比如，他似乎感觉腹中空空，以为是饿了，所以强迫自己去吃东西，他不知道那是自己在感情上处于空虚状态。或者在某一时候，他忽然觉得整个人有轻飘飘的感觉，就像一片羽毛，随时随地可能被风吹向远方，这时，他可能想单单是自己体重过轻的缘故。又如，在分析师对他进行分析的时候，他可能会觉得，分析师把他所有事都分析得这般透彻，那他还有什么呢，只剩下一副空壳子了。这样，外化作用表现得越是强烈，他整个人也会变得没着落，飘忽不定。

上述是外化作用的含义。现在我要说的是，当理想化意象与真实自我之间产生矛盾的时候，外化作用也可以起到一定的调节作用。尽管患者用理想化意象努力粉饰自己，两者之间的矛盾依然会带给他痛苦。神经症患者越是认同自己的理想化意象，他潜意识里越是出现激烈的反应。最常见的感受就是产生自卑情绪，对自己发怒及压抑，这不仅给他带来了痛苦，还会以多种方式剥夺其生活能力。

自卑的外化倾向，既可以表现为别人轻视自己，也可以表现为自己轻视别人，这两者经常并存。那么，这两者中哪一种更有意识或者说更严重，那取决于不同的神经症结构的类型。当患者的攻击倾向表现得越来越突出时，他会觉得自己比别人优秀，很容易产生轻视别人的想法，同时会认为别人轻视自己的可能性会变低；当神经症患者顺从倾向明显时，一旦发现理想化意象很难达到，他会变得越来越自卑，觉得自己简直一无是处，那他就会轻视自己。这两种情形，后面这种倾向的破坏力很大，在这种心理机制的作用下，他可能会变得越来越胆小、孤僻甚至木讷。这时的他，连别人对他好，他都不敢接受，甚至认为自己不配拥有别人的恩典，所以，对于真诚的友谊他也很难接受。假若他遇到了一个很傲慢的人，他更加无法抵挡了，他可能认为那个人是对的，他确实很卑微，被人轻视都很正常。这样的自卑心理会让他生出许多不满情绪，当这样的不满情绪受到压抑，并不断累积的时候，总有一天会爆棚。

尽管说了这些弊端，其实自我轻视在外化作用下，也存在一定的主观价值。神经症患者在自己轻视自己的时候，会粉碎自己身上仅存的一点自信，内心接近崩溃。当被别人轻视的时候就不同了，虽然他也会感到痛苦，但他可能会希望改变他人的态度；他可能会产生抱怨情绪，把一切责任都归于别人对自己不公；他也可能会伺机报复别人。当然，没有这些外化作用，神经症患者也会一味地自己瞧不起自己的时候，那就什么办法也没有了，神经症患者就会毫无意识地濒临绝望。他不仅觉得自己身上的缺点是可卑的，就连他整个人都一无是处，即便是他身上存在的优点，也会被他全盘否定。换句话说，他鄙视自己身上的一切品质，这种自我鄙视是得不到救赎、永远无法改变的。所以，建议心理分析师们一定注意，在分析治疗过程中，不要轻易触碰患者的自卑，除非发现患者对理想化意象不那么依赖了，绝望感不那么严重了，才可以开展这方面的工作。只有到这时，患者才能正视自己的自卑，明白自己并不是真的就一文不值，可能是自己制定的标准过高而生出来的主观感受。到这时候，他就会明白只要自己学会对自己宽容，一切是可以改变的，原来那些被自己憎恨的并不是真的可卑，这样的障碍最终他是可以跨越的。

当我们理解了理想化意象对患者产生的重要影响后，我们才明白患者为什么那么厌恶自己，以及厌恶感为什么那么严重。理想化意象给神经症患者带来安全感，然而当自己达不到理想化意象的时候，他自然会失望、会愤怒、会厌恶自己。这也许和他童年时期遭遇的挫折有关，于是他更加对理想化意象充满期待，也认为自己会无所不能地排除万难。而现在，尽管认识了神经症的复杂性，也没有能力应付它。所以，意识到自己的矛盾冲突，并感觉这种相互矛盾的目标很难实现，他才会愤怒，当然也会陷入恐慌。

自我恼恨有三种外化形式。第一种，当患者大肆发泄内心的不满时，很容易将怒火发泄到自身之外。也就是说，他会把这把火对准别人。这种迁怒于人可能是因为别人的某个过错，也有可能就是一把无名之火。且不说他无缘无故的迁怒，即便是因别人的过错引发的怒火，也是因为自身也有类似的错误，所以才让他生出反感。例如，有一位女性患者，她的丈夫做事有些优柔寡断，这一点时常令她火冒三丈。但我发现，她丈夫每每在一些无关紧要的小事上，才表现出犹豫不决样子，其实这根本不值得她发火。通过观察，我后来发现她本人也有犹豫不决的毛病，我当然没有直接指出来，当我和她拐弯抹角地说明之后，她还是歇斯底里地爆发了，很激烈，简直要把自己撕成碎片的样子。她实在无法容忍自己也有这样的缺点，因为在她的理想化意象中，自己是一个坚决果断的人。虽然，她表现得如此激烈，颇有戏剧性的是，我再找她交流的时候，她竟然像什么也没发生过一样，早把那分不快忘得一干二净了。这是一个很典型的例子，她在某一瞬间确实感受到自己的外化倾向，即便如此，不要期望她有什么“改邪归正”的想法。

自我恼恨的第二种外化形式表现为神经症患者总在担惊受怕。有时候他看上去就是一副忧心忡忡的样子，由于他对自己的那些缺点也很厌恶，他就觉得别人肯定也会因此而讨厌他。甚至，有的时候，他的恐惧隐藏在他的潜意识里，他深信自己的某种行为一定会招惹来别人的厌恶，结果当他没有看到这种结果的时候，他反倒惴惴不安，觉得不应该是这样的。例如一位患者，她的理想化意象是做一个善良博爱的人，就像《悲惨世界》里那位仁慈的教父一样。可是，当她模仿教父的言行去做的时候，人们并不喜欢她且对她很冷漠。相反，当她舍弃那些温柔的面孔，变得怒气冲冲、态度强硬的时候，人们这才在意她。这是怎么回事呢？她深感疑惑。通过她的理想化意象，我们能猜到她是顺从型人格占主导地位。最初，她有想亲近他人的渴望，但这时，她又担心别人的敌意，所以无形中强化了她讨好别人的倾向。从这里，我们看到外化作用加重了患者的顺从倾向，也可以说严重的顺从是外化作用的必然结果。这一点也足以说明神经症是如何通过恶性循环而不断增强的。从这个患者的案例，我们看到她树立的理想化标准，进一步抹杀了真实的自我，人们不喜欢她模仿之后的样子，就是因为那蒙着一方面纱，不是真实的她，在她的内心里，是因为强行压抑了对抗倾向，所以顺从倾向才得以增强。当由此而产生的敌意迸发时，她不但对自己愤怒，还将愤怒进行了外化，认为是别人对她怀有敌意。这种外化加剧了她对他人的恐惧，同时更加剧了她的顺从倾向。

自我恼恨的第三种外化形式表现为患者把注意力专注于自己身体的不适上。当患者没有意识到他的怒火都来源于自己的不满情绪时，就很容易令身体处于紧张状态，导致诸如胃肠功能紊乱、头疼、精神萎靡等病状的出现。这些症状只有患者认清是由自己的怒火引起的，当心情平息时，症状也自然会随之消失。这一现象可能会引人误会，是不是外化指的就是身体的不适？是不是外化作用就是愤怒被压抑后产生的生理性反应？我们不要仅看事物的表象，要关注患者对它的利用。通常患者会把原属于精神上的不适归咎于身体，而将身体上的不适又归咎于外部原因。比如，胃肠不适可能是吃东西时没注意，身体疲乏就是因为有些劳累过度，出现了风湿可能因为天气太潮湿了，等等。他会找理由力证自己精神上是没有问题的。

将愤怒外化对神经症患者是有一定好处的，这与我们前面讲过的自卑外化是一个道理。不过，提醒大家注意的是，要想明白神经症患者的病情到底有多严重，我们必须要弄清自我破坏会给患者带来怎样的凶险。在前面例子中，那个得知自己也有和她丈夫一样毛病的神经症患者，初始很激动，简直要把自己撕成碎片。但这位患者的自我毁灭冲动只是一瞬间，没造成什么危害。但对于精神病人来说，发病时就可能出现自残，甚至自杀。所以说，如果不是愤怒的外化作用，很可能会出现更多的自杀行为。弗洛伊德认识了这种指挥冲动的力量，并由此提出了一种死亡本能的说法，可这一概念又阻碍了对真正自我毁灭的理解，所以也没有创造出有效的分析治疗途径。

理想化意象对患者产生了一种牵制作用，直接影响了他压迫感的强弱。这种压迫感的作用完全可以无限制地高估。因为这种来自内心的压力比来自外界的压力还可怕。我们说来自外部的压力虽然强大，但起码还能保有内心的自由。而多数情况下，理想化意象带来的压力人们很难意识到。这种压力真是强大，以至于当压迫感消失的时候，人一下子就会变得轻松起来了，好像重新获得了内心的自由一样。当然，神经症患者可以通过外化，把自己承受的压迫感转嫁到别人身上，这一点与神经症控制他人效果相似，虽然二者可以同时并存，但还是有区别的。愤怒外化不是为了控制他人，它的主要目的是将自己的恼恨标准强加于人，不一定为了让对方顺从，当然他不会考虑人家是不是愿意接受。那种清教徒一般都具备这样的心理。

内心冲动还有一种同样重要的外化形式，就是神经症患者对外界任何带有一丝一毫强迫色彩的事，都会表现得极为敏感。这种反应很明显，任何一个善于观察的人都能发现。不是说所有的过度敏感都是神经症患者的自我强迫造成的，有的就是神经症患者把自身的压迫感转嫁到他人身上，然后再表现出憎恶。在隔离型神经症患者身上，就具备对独立的强迫性坚持，这种坚持导致他对任何外界压力都很敏感。他们意识不到一种隐藏很深的病因，就是外化的作用。这一点也常常被分析师忽略。外化作用对神经症患者与分析师之间的关系有很大影响力，所以忽略这一点尤为可惜。神经症患者对分析师提出的每一条建议，很可能故意视而不见，也不管分析师是否能指出导致他敏感的原因。他们之间的对抗局面，带来的破坏后果很严重。分析师想尽办法让患者做出改变，但患者极不配合。尽管分析师会真诚地对患者说，自己没有别的企图，只是要帮助他找回自我，让他脱离目前状态恢复到活力四射的状态，但这样也无济于事。即便分析师是出于好意，但也无意识地对患者施加了强迫，这种强迫患者会乐于接受吗？其实，在患者的心里，根本就不了解自己的真实情况，当然也就不知道该接受什么或该拒绝什么。即便有的时候，分析师也会小心翼翼，尽量不把自己的观点强加给患者，但再小心也不是徒劳。对于想改变他的念头，他一律不接受，他没有意识到这些症状，是由自我强迫引发的。诸如这般辛苦又徒劳地较量，不仅仅在分析治疗的时候才出现，其实在任何亲近的关系中，都存在这样的较量，只不过有的轻微，有的相对激烈些。只有对患者的内心活动进行充分分析，才有可能终止这样的模式。

神经症患者对他的理想化意象越是加倍顺从，这种顺从外化的程度越严重，这使问题变得复杂化了。对于分析师或者他人寄予的期望，或者他自以为他们对自己的期望，他也想努力去达成，所以，我们看见他表现出格外顺从的样子。实际上未必如此，他很有可能将被控制的怨恨积累起来，当有一天他认为所有人都在支配他的时候，他就开始痛恨所有人。

现在我们来看一下，外化作用对神经症患者产生的积极意义。首先，外化作用令神经症患者敢于奋起反抗。哪怕是只在心里想想没有实际去做，只要他承认压力来自外界就好。其次，一旦他承认压力是来自外界的，他就会想方设法躲避，因此，为自己营造一种自由的幻觉。还有一点更重要，我们在前面也说过，倘若患者真的发现压力来自内心，情况会更糟糕，那相当于他承认理想化意象与真实自我之间存有差距，所以从这种意义上来讲，还不如把恼恨暂时外化。

还有一个很有意思的问题：内心压力是否能表现为生理症状？那么，通常表现为何种程度？我的印象中，高血压、便秘，以及哮喘的发病都和内心压力有关，不过，我在这方面的经验有限。

接下来我们要探讨的是与患者理想化意象严重不符的各种特征的外化。总的来说，这些特征都是通过投射来发挥作用的，也就是说，患者从别人身上发现的这些特征，或者是患者把自己身上存在的这些特征转嫁到别人身上。这两种情况不一定同时出现。下面我们举一些例子，也可能重复之前说过的话，尽管都是一些众人皆知的例子，但它能够帮助我们进一步了解投射的意义。

A 是一个酗酒成性的人，而他却经常抱怨伴侣不关心他。据我了解，事实并非如此，起码没有他说的那么严重。外人对 A 的评价，有的说他是一个待人温和、很宽容也很谦逊的人，也有人说他是很专横，待人既傲慢又刻薄的一个人，更有人能看见他在自己的冲突里左右挣扎。这就是一个对抗型倾向的投射现象。在他的理想化意象中，他非常善良，甚至除了圣・弗朗西斯之外，再也找不到像他这么善良的人了，当然是所有人最理想的朋友。

同时，因为他内心的对抗性十分强大，所以为了讨好他的理想化意象，他通过投射，把自己的对抗性变得合情合理。投射帮助他在无意识的情况下，实现了对抗倾向，又不用直面内心的冲突。一方面，他的对抗倾向具有强迫性，他无法舍弃；另一方面，是理想化意象维持他的精神不会分裂，所以他必须坚守，这样他就处于一个进退两难的境地。为了摆脱困境，所以他无意识地选择投射。投射对于他具有双重意义，既维持了他成为所有人好友的所需，又保留了他自身的对抗倾向。

A 还一直怀疑伴侣对他不忠诚。这实在是一个毫无根据的猜测，事实上，他爱人就像母亲对孩子一样地爱他，倒是他本人经常背着她出轨。那么，他的情况我们可以理解为，因为自己内心焦灼而产生对别人的一种报复性的恐惧心理，他不过是想找理由为自己辩护。这种情况，即便从一个同性恋的角度考虑，也说不通。我们只能说，这是他自己出轨后所产生的一种怪异的心理。而对于自己的出轨经历，似乎都已经忘记，那些体验不再是活生生的，相反，对伴侣所谓的不忠反倒记忆犹新。把这种感受进行外化，和之前案例中那些外化作用是一样的，一方面他为自己肆无忌惮地行事找到了所谓的理由；另一方面又有助于他维持理想化意象。

一些政治团体或各种组织的权力之争，也是一个典型的例子。为了消弱对方的势力，巩固自己的地位，他们经常要各种手腕，彼此钩心斗角。我们说这一定是故意有目的而为之，其实也不然。这里面很有可能，他们也是处于一种无意识的进退维谷的境地，就像前面的 A 一样。这种情况下的钩心斗角，实际上是无意识的双重表现：在使用各种手段的时候，不必担心这些阴谋诡计会玷污自己的理想化意象，同时能将对自己的谴责和鄙视转移到另一个人身上，多么好的策略，如果转嫁的对象恰好是最初想要打击的目标，那就再好不过了。

作为总结，我想再举几个常见的例子，这些神经症患者在他人的身上没有看见自己的缺陷，却照常把责任推到别人身上。比如，很多患者通过分析师的引导，认识了自身存在的某些问题，就马上把问题归咎到童年的阴影上。他们会说：自己对强迫过分敏感，是因为自己有个强势的母亲；自己对“羞辱”过分敏感，是因为童年有过这方面悲惨的经历；自己之所以有报复倾向，是因为早年受过伤害；自己内向、离群，是因为小时候很少有人理解他；在性方面有压抑，是因为自己父母灌输了太多清教徒一样的思想等，这样的例子很多。我举的这些例子，不是分析师和神经症患者一起对童年阴影造成结果的分析，我是想说，这些都是过分偏向于童年影响而得出的分析。这样的分析没有针对作用于患者身上的真正病因，相当于是停滞不前的重复，所以不会收到什么成效。

弗洛伊德就比较支持这种理论，我认为他过分强调了基因的作用。所以，我们有必要考虑一下，这当中到底是真理多一点，还是错误的成分多一点。不可否认，患者的神经症倾向确实形成于童年时期。和患者交流的时候，他们所提到的所有线索，都是他们对过去所发生过程的理解。当然，一个人患有神经症不仅仅是他自己的责任，因为环境对他的影响也非常巨大，以至于他不得不按照过去的方式成长，这点我们可以理解。分析师在帮助患者的时候，应该对患者讲明这一点，具体原因我们还要接着分析。

患者的神经症在童年时期就形成了，那时种下的病根直到如今还影响着他，并且导致了他现在的困境。但是，神经症患者对这个病根没有做进一步的认识，这就是他的错误所在。比如，有的患者表现出有些玩世不恭，这可能和他小时候见过太多的伪善有关，但这只是其中的一个原因。仅仅把玩世不恭和童年的经历联系在一起，就是忽略了他当前的需求。事实上，是他相互冲突的理想让他进退维谷，为了解决这种冲突，他抛弃了一切价值观，又滋生了他讥讽他人的需求。另外，他总是在自己无法承担责任的时候去承担责任，而真正需要他负责的时候，他反倒拒绝承担责任了。这样在失败的时候，他就一味地回忆童年时期的经历，好像说因为有哪些经历，失败是无法避免的。当这样面对这些失败时，他就可以堂而皇之地从失败中走出来，照样维持他莲花一样高洁的假象。这就是他的理想化意象在作怪，就是有了这种理想化意象，他才不接受曾经和现在的缺陷，才对冲突视而不见。更主要的是，他反复提到童年的经历，好像是在自我反省，其实只是一种反省的假象而已。实际上，他等于是在逃避，是把真正的问题外化了。即便内心有冲突，即便冲突不断，他也是一种视而不见的态度。所以，神经症患者没有能力成为自己生活的构建者，也没有能力做自己生活的主人。他就像是一个从山坡上滚落的球，继续滚动就是了。他就像一只实验室里的豚鼠，已经被限定了路数，形成了条件反射。

神经症患者对童年时期经历的过分强调，恰恰是他强烈的外化作用的结果。所以，每次遇到这种情况，我就能很快做出判断：这是一个有着自我隔离倾向的患者，并且他的自驱力正推动着他一步步远离自我。我的这种判断，至今为止还未见偏差。

外化作用还会表现在梦中。比如，有个患者，她梦见分析师不再是分析师，她就像是在监狱里，而那个分析师就像狱卒一样地看守着她。比如，有个患者，她梦见走出去或逃出去，而她的丈夫很无情地关上了那扇门。再如，有个患者，梦见自己在追逐某个目标的路上不断地出现重重阻碍。这些梦都表明患者的一个企图，那就是否认内心的冲突，并把它归咎于某种外界原因。

神经症患者各种各样的外化倾向，致使分析师的工作举步维艰。患者来找分析师就像去看牙医一样平常，在他的感知中，好像分析师做的工作跟他没什么关系，他接受治疗也像例行公事一样就是走个过程。其实，他对自己的神经症没多大兴趣，反而对妻子、兄弟姐妹或朋友的神经症非常关注。他也大谈自己曾经遭受的各种各样的挫折，但他没有承担一点责任的意识。他甚至认为，自己在工作上的不顺心，都是因为妻子，如果妻子不是那么神经质，可能自己就会比现在好过得多。在很长时间里，他都没有意识到情感因素对他内心的作用，如他害怕鬼，害怕遭贼，害怕打雷，担心有人要报复他，担心政策变化等，总是一副忧心忡忡的样子，害怕这害怕那，就是不害怕自己。除非有能给他带来思维或艺术上乐趣的事，他才能产生一点兴趣。我们可以这样说，无论他对自己了解多少，因为他的精神世界里没有自己，他不能将他自己获得的见解应用到实际生活中，所以也不可能做出什么改变。

因此，从本质上说，外化作用是一种自我破坏的积极过程。自我疏离是神经症患者固有的现象，而当患者远离了自我，意识不到内心冲突的时候，外化就得以实现了。也就是说，外在的冲突取代了内在的冲突。这时，在外化的作用下，患者变得更多的是害怕他人、责备他人或报复他人。更具体地说，引起神经症的冲突，其实就是人与外界的冲突，而患者通过外化作用，大大地加剧了这一冲突。

第八章　虚假和谐的辅助方法

用一个谎言来圆另一个谎言，然后再找第三个谎言来圆第二个谎言，依此类推，直到一个个谎言蜘蛛网一样地缠住他无法脱身，现实中这类情况随处可见。不管是一个人或一群人，只要是缺乏追求真相的勇气，那他们的生活中就必然会出现这种情况。用谎言来解决问题，这种东遮西掩的方式或许也管用，但只能管用一时，必然会带来新的问题，然后需要新的谎言来解决。神经症患者通常都是用这种怪异的方式来解决冲突的，表面上看，冲突似乎有了大改变，但实际上，和我们前面说过的一样，完全没有效果，最初的问题依旧得不到解决。这时，神经症患者不得不将表面上看似可行的方案，一个压一个地堆叠起来，这样可能会突出冲突的某一个方面，但脱离不了被分裂的危险。于是，他干脆逃离人群，将自己隔离开来，躲在一个安静的角落，看似让冲突失去了力量，但让自己的生活也陷入了风雨飘摇之中。接着，他又开始构建理想化意象，理想化意象貌似把各种倾向统一起来，实际上新的裂痕也随之产生。他试图通过外化作用冲出重围，从内心的战场上逃走，以为这样便可以弥补裂痕，可最后自己陷入了一个更加难堪的境地。

面对这样一个极不稳定的平衡，患者不得不采取更加激烈的手段以维持平衡，于是患者求助于许多无意识的方法，包括盲区、区隔化、合理化、严格自控、绝对正确、飘忽不定或玩世不恭等。关于这些现象的本身，我们不在这里做逐一探讨，因为那将是一个非常艰巨的任务，我只想说明一下，患者是如何利用这些方法来对付冲突的。

神经症患者的实际行动与他的理想化意象存在如此明显的差异，使人感到迷惑的是，为什么他自己就是看不到呢？不仅仅是看不到，甚至在眼皮子底下正发生的冲突也一样的视而不见。我们说，这就是盲区现象。盲区现象是最明显的矛盾，每当我察觉的时候，就很快能注意到冲突的存在及相关问题。比如，一位顺从型患者，他具备顺从型人格的所有特征，自认为是一个大好人。可就是这位大好人，有一次竟然很随便地和我说，在他们公司的某一次会议上，他很想有一把枪，然后把他的同事全部杀掉。可以肯定，他杀人的念头在当时应该是无意识的，很多类似的破坏性渴望都这样，但问题在于，他游戏一样的杀人念头，一点也没有影响他清教徒一样的理想化意象。

另一位患者是一位科学家，他自认为他是他所在领域的创新者，他对科学的态度一丝不苟。就是这样一位科学家，在他发表文章的时候，竟然会从投机的角度出发，挑选的全部是他自认为会获得更大反响的文章。和前面所说的那位患者一样，他根本没有意识到其中的矛盾，所以对他自己的所作所为也不加掩饰。

例如，一位男子，他自以为自己很善良，又是一个特别坦率的人。可他从一个女孩那里索取钱财，转过头，却不以为然地花在另外一个女孩的身上。同样，这个人意识不到这是多么矛盾。

上面这几个例子，有一点很明显，盲区作用能够让患者意识不到自己内在的冲突。我们来看一下例子中的患者，他们首先是思维清晰的，而且还是有学问的人，甚至有一定的心理学知识，这样的人深陷盲区却浑然不觉，真有些令人惊讶不已。如果我们说，这可能是对自己不喜欢的东西所产生的一种忽视，这样的解释显然没有说服力。必须还得补充一句，通常人们对某件事的渴求程度，决定了他对这件事的无视程度。总而言之，这种人为的盲区表明了人们极不愿承认内在的矛盾冲突。这里存在一个关键的问题，上述案例中明显的矛盾，患者是如何做到视而不见的呢？的确，不具备一些特殊条件，还真的是不容易做到。其中一个条件是，对自己的感情体验麻木不仁。另外一个条件是过着一个把整体切割成局部的生活。这个区隔化理论最早是斯特莱克提出来的，他不仅讨论了盲区现象，还提出了逻辑严密的几种“切割”方式：一部分给朋友，一部分给敌人；一部分给家人，一部分给外人；一部分对公，一部分对私；一部分给同僚，一部分给下属。在神经症患者的眼里，这些方式界限清晰，一个范围内的事情，绝不与另外一个范围内的事情有冲突，彼此相安无事，井水不犯河水。实际上，只要冲突激烈到患者丧失统一感时，他才有可能用这样的方式生活。所以，区隔化是患者被冲突分裂的结果。这和理想化意象中的拒绝承认冲突情况类似：矛盾依然未被解决，但冲突已经游离至患者的意识之外。至于到底是理想化意象导致了切割的产生，还是因为切割才出现了理想化意象，这个界限还真是很难说清。但是，生活在间隔中，又无视整体，应该对理想化意象的产生负有责任。

要理解这种现象，我们还必须把文化因素考虑进来。在如此一个复杂的社会体系中，好像每一个人都变成了一个齿轮，运转过程中与自我的疏离举目皆是，人的价值也会随之降低。因为文化中存在各种各样的矛盾，致使人们的道德感知也逐渐趋于麻木。道德标准不再是行事时的行为准则，所以，即便是一位平日里很慈爱的父亲，忽然有一天变得像恶棍，这样可能都不会令人感到惊奇。在我们周围，许多人的人格都不完整，所以患者也看不出自己的人格处于分裂状态。在精神分析领域，这种矛盾不光是患者看不到，有些分析师也看不到。弗洛伊德就把心理学仅视为一门自然科学，抛弃了它的道德价值。所以，分析师会觉得，将自己的道德观带入分析理论中，或者对患者的道德观感兴趣，都是对科学精神的一种违背。事实上，对矛盾的承认还不仅存在于道德领域中，其他许多理论体系中都存在。

神经症患者以其独特的理论进行自我欺骗，使这里所说的合理化。我们对合理化的普遍认识是，合理化作用就是为自己找借口、找托词，让个人的行为和动机看起来与大众标准相符合。我们说，即便是这样的合理化，也能起一定的作用。比如，那些处于同一文化氛围中的人，他们的合理化虽然在内容上各种各样，在实现合理化方法上也各不相同，但他们都按同一标准进行合理化。这也很正常，因为合理化作用就是一种人造的虚假和谐。患者以基本冲突为中心，在四周疯狂地构造防御工事，我们在其所用的每一块砖石上都能看见合理化作用的影子。患者以自己独特的理论令主要倾向增强，而其他任何与主要倾向相冲突的因素，不是被消弱，就是被伪装，冲突也就是通过这样的方式被隐藏起来的。而患者所谓的推理过程实际上就是自欺欺人的过程，患者的人格由此被其合理化。在我们前面讲过的服从型人格和对抗型人格中，能很清晰地看到这样的变化。服从型的人坚信他是出于同情心才去帮助别人，但在他的心中当然也有支配倾向，而一旦支配倾向表现得过于明显的时候，他就会为自己找借口了，说那不过是乐于助人，出于自己的一副热心肠，这就表现为他将这种倾向合理化了。而对抗型患者呢？他是怎么把自己的对抗倾向合理化的呢？他当然不会说，自己是出于同情心去帮助别人的，他为自己找的托词是，“我帮助别人，能从中得到好处”，这就是合理化是为自己的实际利益着想。大量的合理化举动，最终形成了理想化意象，同时，理想化意象与真实自我之间的巨大落差，又必须依靠这些合理化举动抹平。患者为了使自己身上那些可恶的品质变得合理化，又用外化的手段把责任推了出去，以证明那些品质，实际上是针对别人的行为而做出的自然反应。

严格自控也是维护人格虚假统一的一种方法。这种倾向我一度把它当作最原始的神经症倾向，因为它表现得非常激烈，形同一道堤坝，似乎没有它的阻挡，情感矛盾就会泛滥成灾。严格自控最开始是一种有意识的行为，但久而久之就变成自然而然了。患者在进行自我控制的时候，绝不会让任何事情左右自己的想法，无论是热情、愤怒、自卑或性欲。严格自控的患者在接受分析治疗的时候，一般都表现得很呆板，很难做到自由联想，打个比方，即便是你给他喝了酒，他都不可能表现出亢奋，他宁愿承受痛苦也不愿接受麻醉。用简单的一句话说，他们在努力压制一切自发的言行。这样的特点，在冲突非常突出的患者身上表现得最明显，他既不想掩盖冲突，也不想与人群隔离以杜绝冲突，通常，他凭借理想化意象维持统一的假象，但仅凭理想化意向很难维持统一，尤其是理想化意象包含多个互相矛盾的倾向时，它的力量就更薄弱了。这时，患者就需要有意识地或无意识地运用意志力来控制趋势。由于愤怒可以引发那些具有破坏性的暴力行为，为了防止冲突进一步恶化，就必须付出极强的意志力。然而，愤怒一旦被压抑，到一定程度，更容易产生爆炸，那么又需要更多的精力来控制它，这样一个可怕的恶性循环形成了。在分析过程中，分析师一般都会提醒患者注意这种严格自控，而患者往往会为自己辩解，说任何文明人都需要自控，实际上，他是忽略了严格自控具有强迫性，他的这种自控实际上是身不由己的，如果他不进行这样的自控，他就很容易陷入恐慌，害怕自己会精神错乱。显而易见，自我控制的作用是为了抵抗被分裂的危险。

我们再说绝对正确。绝对正确具有双重特征，既能消除内心的疑虑，又能消除外部的影响。我们知道，冲突得不到解决，人很容易变得怀疑和犹豫不决，严重的时候，甚至会令患者失去行动的能力。这时，他就只能听从外部因素的支配了。如果我们的信念还坚定，就不会轻易地被支配，但如果我们正是站在十字路口，不知何去何从的时候，那么，外部因素会很轻易地左右我们的思想。可怕的是，即便只是在一瞬间，那种外力也足以支配我们做出决定。此外，犹疑不决不仅仅指的是某种行为过程，自我怀疑也是犹豫的一种，如怀疑自己的价值或怀疑自己的权利。

所有不确定因素，都会破坏我们生活的能力。但不是说，所有人一概不能容忍。有的人把生活看作是一场冷酷无情的战争，把怀疑当作一种缺陷，很致命的那种。于是他选择隔离，可越是坚守这份隔离，越是容易被外在因素点燃心中的怒火。我在临床观察的时候，就证实了这一点：一个同时具备对抗型倾向和隔离型倾向的患者，当它们成为他的主导倾向时，他便采取绝对正确来保护自己了。而对抗型倾向越明显，绝对正确程度越深。他就是想通过绝对正确，一劳永逸地解决心中的所有冲突，也是毫无根据地断言自己永远正确。这类人最讨厌进行心理分析，因为分析之后，内心的平和就会被打破，他们通过合理化作用，把情感当作藏在内心的叛徒，必须严加控制。可以预料，如此得到的平和，那种和谐也如死一般的沉寂。

另一种方法几乎和绝对正确完全相反，同样是患者拒绝承认冲突的一种防御方法，那就是飘忽不定。有这种特质的人就好像活在童话故事里一样：感受到危险的时候，他会变成一尾鱼滑向水里，如果伪装成鱼又遇到危险，他又会变成一头跑得很快的小鹿，如果小鹿又遇到猎人，他马上又变成一只小鸟，迅速飞走。在他的口中，你不会听到一句准话。他可能一会儿拒绝承认自己说过的话，一会儿又信誓旦旦地说自己根本不是那个意思。他简直有把简单变成复杂的神奇功能。这类人不会明确表达他对某种事物的观点，即便有时他真想陈述自己的立场，但云里雾里，你也很难明白他说的是什么。

这种变化无常致使这类人的生活也非常混乱。他们一会儿很富有同情心，一会儿又冷漠自私；一会儿在某些方面表现得谦虚谨慎，一会儿在某些方面又表现得专横跋扈。有时候，这类人可能急着找一位强势的伴侣，可一旦自己变成了“受气包”他就不干了，反过来又变得比她更强势。假如当这类人做了一件对不起别人的事时，他们也可能会心生懊悔，然后就想自己怎样弥补过错，可是他们很快就推翻了这个念头，又觉得那样做是不是很傻，于是又重新变回本来的面目。对他们而言，没有什么是一成不变的。

遇到这类飘忽不定的患者，就连分析师都会备感困惑，他们也许会有无从下手的感觉，但是，这种想法是不正确的。这类人只不过是还没有走上统一人格的道路，他们既没有建立明确的理想化意象，也没能压制住内心冲突的某一倾向。其实，通过他们的反衬，我们更能深刻地认识一些尝试的价值所在。我们之前探讨的那些患者，无论是属于哪一个类型的，无论他们身上的问题有多复杂，起码他们的人格还没混乱，而飘忽不定的这类人的人格就已经极为混乱了。说分析师想法错误，还因为他们把问题想得过于轻松了。这类人的冲突不是浮于表面，所以分析工作也不会那么简单。因为这类患者非常抗拒把问题明朗化，他们变化无常，甚至有时会直接拒绝治疗，这当然会给分析师带来某一时刻的挫败感。分析师应该明白，患者其实就是用这种举动，防止别人来探究他的内心的。

最后一种拒绝承认冲突的防御方法是玩世不恭，具体表现是对道德的否认和嘲笑。其实所有神经症患者，都不同程度地存在对道德标准的怀疑，尽管有些患者教条地坚持着他可能接受的标准。虽然造成玩世不恭有很多种原因，但其作用都是否认道德观的存在，所以，这类患者也不想花心思去弄清什么才是值得自己相信的。

玩世不恭可以是有意识的，于是便成为马基雅弗利主义的一贯原则，并得到捍卫。马基雅弗利主义认为世间一切都是虚伪的，除了真正的傻瓜，每一个人都是虚伪的；只要你不被抓住，你就可以为所欲为。不管在什么场合，只要分析师提到“道德”两个字，这类患者就表现得极为敏感，就像弗洛伊德主义盛行时，一提到“性”这个字，人们也会极为敏感一样。

玩世不恭可以是无意识的。因为患者在口头上也表现出对大众观念的顺从，所以这种倾向便不易察觉，甚至就连患者也没有意识到自己是个玩世不恭的人。但在外人看来，无论是在语言上，还是在行为上，他表现出来的都是玩世不恭的特征。有些神经症患者在审视自己的时候，觉得自己很诚实，也很正派，而他的内心深处，对那些喜欢耍手腕的人，总会不由自主地生出嫉妒，甚至怨恨自己做不到或不擅长这些手段。玩世不恭者类似的情况，就是因为经常不知不觉地被困在矛盾中，所以，分析师在进行分析和治疗的时候，一项重要的任务就是，找到一个恰当的机会，向患者指出他的玩世不恭，并帮助他理解这一切。另外，分析师也要让患者明白一点，那就是构建一套属于他自己的道德体系很有必要。

以上这些内容，都是围绕基本冲突建立起来的防御机制，我把这一套防御体系简称为防护结构。尽管各种神经症在活跃程度上各不相同，但最终它们会以组合的方式构成整个防御系统。

第二部分　未能解决冲突的后果

第九章　恐惧

在深入探究神经症问题的内涵时，我们如同走进了一座错综复杂的迷宫，很容易迷失其中找不到出路。这并不奇怪，因为神经症的表现就是多种多样的。不直面神经症的复杂性，就无法真正理解神经症。同时，我们也要学会适时转身，从旁观者的角度审视问题，这样才能辨别方向。

通过研究防御体系的发展，我们看到了患者是如何逐步建立起防御工程的，从它最初建立，到基本成型，再到最终成为一种静态机制，在整个过程中，我印象最为深刻的就是神经症患者投入了非常大的精力和代价。这促使我不断地思考：是什么原因驱使他走过如此艰难的一条路呢？我心中还有一个疑问，就是患者建立的防御工程怎么会如此坚硬，如此的牢不可破呢？因为怕破坏所以才防御，那么，构建防御体系的原动力，仅仅是害怕基本冲突潜藏的破坏力吗？为了脉络清晰地找出答案，我们需要进行类型化比较。当然，任何一个类比不可能做到完全的对等，我们只看它在广义上的应用。假设有这样一个人，他有着一个极为灰暗的过去，他不得不选择逃避，他伪装成另外一个身份，成功地混入某个圈子。这时的他，就一直生活在恐惧中，害怕过去的事情被人发现。在一个新的环境里，他很努力地去工作，慢慢地，境况开始有所改观并变得越来越好。后来，他结交了新朋友，工作也比较稳定，并且还娶妻生子了。那么，如今的他，是不是已经从过去的阴影里走出来了？不是的，他表面上充满阳光，实际上，在他对新生活无比珍惜的时候，更时时刻刻害怕失去如今拥有的一切，这就引发了新的恐惧。灰暗的过去令他憎恶，如今的地位令他自豪，为了把过去不光彩的痕迹全部抹掉，他开始积极地投身慈善事业，并且对过去那些朋友，只要对他有所需求，他更是慷慨相助。然而，就是在这种看似无忧的情况下，他的人格在悄悄地发生改变，继续将他卷入汹涌的暗流。结果这场以伪装身份开始的新生活，最终会把他带入新的冲突中。

神经症患者在他自己构建的防御体系中，无论进行多少尝试，都不能使冲突得到真正的解决，只能是暂时掩盖起来，基本冲突无非是从一种面目换成另外一种面目而继续存在，假若冲突的某一方面得以缓解，其他的方面就必然会此消彼长，越发激烈。这就是一个恶性循环的过程。患者与他人的关系是一切冲突的根源，而患者每采取一种新的防御手段势必会对这种关系造成伤害，所以冲突越来越严重。另外，新的防御手段带来新生活，新生活带来新事物，如爱和成功，又如辛苦取得的独立，再如苦心建立起来的理想化意象，它们的作用越大，他害怕遭到破坏丧失美好的新恐惧越一步步地增强。从始至终，他与自己的疏离，令他无力改变自己，也无法摆脱当前的困境。在这种情况下，惰性也会随之而来，势必最大限度地限制他的成长。

患者的防护结构虽然非常牢固，但是同时是非常脆弱的，总是能引起新的冲突。其中一种恐惧就是害怕打破防护结构的内部平衡。患者自己构建的防御体系，当然会给他带来一种平衡感，但这种平衡感同样脆弱不堪，尽管他不会有意识地去捕捉危险感，但他通过很多方式能感到它的存在。经验告诉他，他总会无缘无故地弄出点状况，在完全没有意识或很不情愿的时候兴奋、发怒、沮丧、压抑或者疲乏。这些体验让他失去自信，他自己都怀疑自己，心惊胆战，做事如履薄冰。失去心理上的平衡，甚至会直接影响生理上的平衡，表现为步伐混乱或姿态失常，或者缺乏任何对身体平衡的控制技能。

时刻担心自己会精神失常，是这种恐惧的具体表现形式之一。当患者的恐惧不断增加并积累到一定程度时，神经症患者也会为自己严重的状况担忧，并主动寻求精神科医生的帮助。这时候的恐惧会受到被压抑的疯狂冲动的影响，他开始想做一些疯狂的事情，大搞破坏，同时又不会有什么负罪感。这里我必须强调一点，不要因为患者害怕精神失常，就判断他真的精神失常。通常，这种恐惧不会维持太久，这些举动只在他压力太大，无比悲痛的时候才表现出来。在这期间，患者受到的最大挑战，是理想化意象突然遭到威胁，或者是过度紧张（由无意识的愤怒情绪导致），这些都造成患者无法继续维持严格的自控。比如，有一位女性，她相信自己是一个既心境平和又很勇敢的人，当她陷入困境感到无助、害怕甚至愤怒时，就会产生这样的恐惧。她的理想化意象原本就像一个坚固的铁箍一样保护着她，突然的断裂给她带来的只有恐惧，她害怕自己也会因此变得支离破碎。前面我们还提过一个例子，一个患有隔离型倾向的人，被人把他从自己的“避难所”里强行拉出来，让他和别人亲密接触（如参军或和家人住一起），他也会产生这种恐惧。这种恐惧不仅使神经症患者害怕精神失常，还真的有可能表现为精神失常的症状。患者在分析治疗的过程中，费尽心机地为自己营造了一种和谐统一的假象，当他认识到自己分裂的人格时，必定会陷入恐惧中。

临床的分析治疗证实，在大多数情况下，对精神失常的恐惧，都是由无意识的愤怒引发的。当这种恐惧得到一定缓解的时候，患者依然会忧心忡忡，他担心自己在喝醉之后、做梦时、性兴奋时或处于麻醉状态下会做出暴力倾向，突然失控，进而辱骂、殴打甚至杀死他人。对于愤怒，患者可能是有意识的，即便没有付诸行动，也以一种强迫性的暴力倾向存在于意识中。患者也有可能是无意识的，即便他一点也没感觉到，他可能突然就感到恐慌，甚至还伴有流汗、头晕的症状。这些症状就意味着他心中有一种暗藏的恐惧，他非常害怕自己控制不住暴力倾向。当患者无意识地将愤怒外化时，一切外界具有破坏力的事物，如打雷、遭贼、遇鬼和蛇等，都会令他深感恐惧。

相对而言，对内在平衡被破坏的恐惧比对精神失常的恐惧更常见。而且这种恐惧更隐蔽、更朦胧、更多变。日常生活中的任何变动都可能引发这种恐惧，如准备出行、工作有变动、搬家或需要雇用一个新人等，很多时候都会让有这种恐惧的人深受困扰。

因此这类人固守成规，很少改变，能避免的他都会尽量避免。他往往不敢去看心理医生，在他看来，寻求改变可能威胁到人格结构的稳定。即便他有了想看医生的想法，也会顾虑重重，这样的顾虑似乎还有些道理，如接受分析治疗，会不会破坏自己的婚姻？会不会失去自己的工作？会不会让自己变得更加急躁？会不会违背自己内心的宗教信仰？他之所以这么想，是因为患者对心理治疗不抱什么希望，因为治疗就是一种变化，他担心改变会给他带来更大的风险。我们在第十一章还会提到，这些顾虑从某种程度上来讲，意味着患者内心的绝望。实际上，各种担忧的背后，他真正的不安是，他害怕当前他所维持的平衡状态会被治疗打破。当然，可以肯定地说，他所搭建的这种平衡状态真的不稳定。所以，对这类人的分析治疗也非常困难。

针对上述情形在分析治疗时，分析师是否能先向患者保证，治疗不会打破他的平衡呢？这显然是不可能的。任何一条分析都必然会给患者带来暂时的不安。分析师能做的，是帮助患者深入分析这些问题，帮助他深挖问题根源，告诉他真正害怕的是什么。同时，虽然他的平衡暂时被打破了，但可以帮助他建立一种更加稳定的平衡。

患者的防御体系还会引发另一种新恐惧，就是对暴露的恐惧。它源自于患者在建立和维护防御体系的过程中，有着太多虚伪的做法。关于这些伪装，我们在谈到冲突是如何损害人的道德诚信时，还会一起探讨。现在我们必须确认一点，患者掩盖真实的自我，让自己努力表现得比真实的自我更理智、更大方、更和谐、更强大或是更加冷酷。至于，他到底是害怕把真实面目暴露给自己呢，还是害怕把自己的真实面目暴露给他人呢？这我们还分不清。但他有意识地去关注别人，同时又特别害怕别人发现他的真面目，这种恐惧在外化作用下愈加强烈。在这种情况下，他觉得自己对自己的态度无关紧要；他觉得只要别人没有发现，就算失败了也没什么，自己可以不把它当回事。这些思想存在于患者的意识中，尽管现实中可能不是这样，但通过这些我们能看到患者的外化程度。

其实对暴露的恐惧，经常表现为一种模糊的感觉，也就是说，患者可能觉得自己在自欺欺人，或者对之前根本不感兴趣的东西变得重视起来。患者害怕自己可能不像人家认为的那样聪明、能干、有教养、有魅力，于是把恐惧转移到性格中并不具备的品质上。比如，有这样一位患者，他回忆说在他年少时，成绩非常好，总是名列前茅，但他总是害怕别人认为他的好成绩不真实，以至于后来经过了几次转学，每次转学他都忐忑不安，结果每次转学后他都取得了好成绩，即便如此，他仍然怀着这种恐惧的心理。他十分苦恼，不知道自己为什么会这样。我们说他无法找出原因所在，是因为他找错了方向：他害怕暴露的恐惧与他的智力程度是没有关系的，害怕暴露的恐惧被他转移了，实际上，恐惧应该和他无意识的虚伪有关。因为，他表面上好像不是那么看重成绩的，其实在他的潜意识中，有一种打败别人、超过别人的强烈需求，这才是他被困扰的原因。通过这个例子，我们可以得出一个结论，它可能不是十分精准，但也算很恰当，那就是，人们害怕自己是一个虚伪的人，这种恐惧总与某种客观因素有关，但往往又不是患者自己认为的那个。这种恐惧有时会明显地表现为脸红和害羞。但在分析的过程中，因为患者表现出这种害怕被揭露的反应，所以，分析师看到患者脸红了，就认为存在令他害羞或者想隐瞒的事，进而对患者刨根问底地追问，那就大错特错了。实际上，他可能真的没有隐瞒什么，他只是担心自己可能会无意识地暴露出什么，如果真是那样，他会非常自责，这些对分析工作也毫无意义。在分析的过程中，患者可能会讲一些关于性经验或是破坏性行为的细节，如果分析师只局限于这样的思维，没能发现患者正处于冲突之中，将无法帮助患者摆脱对暴露的恐惧。

任何情境都可能诱发患者对暴露的恐惧。比如，开始新的工作、结交新的朋友、进入新的学校、参加考试、参加聚会等，或者让他参加任何令他变得很显眼的活动，哪怕只是参加一场讨论，对他来说都意味着经受考验，都可能产生恐惧。在患者的意识中，只要失败了，就是将自己暴露了。所以即便是他成功了，也丝毫不能消除他的恐惧，他会认为成功仅仅是侥幸躲过了这次，如果下一次失败了，他将会“原形毕露”，就好像自己这个骗子终于被抓住了一样。在这种思维逻辑下，他会表现出脸红，而每到一个新环境中表现得会更为明显。还有另一个表现，就是当患者受到别人喜欢和欣赏时，他会显得很警惕。他会想：“他们现在喜欢我，可真正了解我以后呢？那他们一定不会这样对我了。”这种恐惧可能是有意识的，也可能是无意识的，不管是有意识还是无意识，这种恐惧都会在分析过程中发挥作用，所以分析师的任务就是勇于追根溯源。

每产生一种新的恐惧，就会与之对应地增加一种新的防御体系。患者为了克服对暴露的恐惧，不惜采取水火不相容的两种手段，以建立相对应的防御体系，而具体采取哪两种手段则取决于他原本的性格结构。无论是哪一种分析情境，对患者都是一种考验，都是患者心里想要回避的。当回避不了的时候，他就会选择严格自控，保持沉默，或者为自己戴上一副高深莫测的面具。与之相反的另一种手段，是一种无意识的对策，患者往往努力改变自己，使自己变得没有可供人揭露的短处，看似很完美。最后这种方法明显地带有防御性质，它也是对抗型人格最常用的一种伪装手段，通过这样的伪装，对那些他想利用的人造成迷惑，相当于一种欺瞒方式。对于那些公然具有对抗倾向的患者，无论分析师提出任何质疑，都会遭受这种狡猾的抵抗。在后面的章节里，我们还会看到，这一特征是如何与患者的性格结构紧密结合的。

想要弄清楚患者为什么对暴露如此恐惧，我们需要回答下面两个问题：第一个问题是，患者害怕暴露的到底是什么？第二个问题是，一旦真的暴露了，他将面临怎样的打击？第一个问题我们在前面已经说过了，要想回答第二个问题，我们还得提到一种新的恐惧，这种恐惧包括害怕遭受嘲讽、害怕遭人侮辱、害怕遭到轻视等形式，它的产生直接源于患者的防御体系。防御体系的不稳定，导致患者害怕平衡被打破；无意识的一些欺骗，让患者害怕被揭露；受伤的自尊心，让患者害怕遭受屈辱。其实，这些问题我们在前面都有所涉及。患者构建自己的理想化意象，以及患者努力应用外化作用，真实目的都是为了修复受伤的自尊心，结果呢，我们前面也说过了，患者采用的这两种方法反而加剧了对自尊心的损害。

在神经症发展的过程中，全面地观察自尊心的变化，我们会发现，它的情形如同两组运动着的跷跷板。第一组的情况是：真实的自尊不断降低，虚假的骄傲不断上涨。患者会认为自己比别人聪明、比别人努力、比别人善良、比别人独特，因此他感到无比骄傲；第二组的情况是：患者过度地鄙视自己，同时过度地抬高他人。在压抑、封闭、理想化意象，以及外化作用下，他逐渐地淡化自己，感觉自己变成了一团黑影，轻飘飘又一片朦胧，尽管事实上不一定真是这样。他鄙视自己、惧怕他人，这种心理越严重他越是对别人形成一种依赖，别人在他眼中，那地位简直牢固得无法撼动，必不可少。他的重心从自己身上全部移到别人身上，他心甘情愿成为别人的依附，把属于自己的权力全部拱手相让。如此，他对自己的看法无足轻重，重要的是别人对自己的看法，在他的眼中别人就是权威，绝对正确，无须反驳。

神经症患者面对嘲笑、轻视和羞辱时，为什么会表现得如此脆弱呢？我们将上面的描述综合在一起，就能解释其中的原因了。每一种神经症结构中都存在这种情况，所以患者才会对其极为敏感。因为有多种原因可能导致被轻视，所以这种恐惧很难消除，其实不要说消除，即便是减轻都不是一件轻而易举的事。只有神经症整体状况缓和后，这种恐惧才能得到相应的缓解。患者会因为恐惧而拒人千里，并对所有人充满敌意，这种情况很常见。更严重的是，被这种恐惧困扰的人无法施展自己的能力。他不敢对他人抱有期望；不敢设定目标来衡量他人；一旦发现自己某些方面不如他人，就不敢与之交往；有时候，明明有自己的看法，也不敢发表意见；明明自己很有创造力，可就是不敢应用；他不敢寻求更好的工作，不敢去感染他人，不敢让自己变得有魅力等。有时候，他也会生出尝试一把的冲动，但是万一失败了怎么办，一定会遭到别人的嘲讽，这样心中点燃的激情马上被害怕轻视的恐惧打压了。于是，他选择止步不前，即便默默无闻，仿佛这样更稳妥。

还有一种恐惧远比我们上面说到的恐惧更难以察觉，它可以视为神经症发展过程中所产生的一切恐惧的综合体，那就是对自身做出的任何改变的恐惧。对于这种恐惧，在患者身上，他们通常会采用截然不同的两种态度：一种是置之不理，就放在那里，希望有一天问题可能就奇迹般地自我消失了；另一种是急于改变，即便问题还没有看明白，就希望做出改变。在第一种态度里，患者的思维逻辑是，只要自己知道了问题的大概情形，或者是只要自己承认存在的缺点，可能问题就能够解决。当他知道要做回自己，需要改变自己的态度和动机时，他就惊慌失措，尽管他也意识到这种改变有必要，但他还会无意识地不接受改变。在第二种态度里，患者的内心特点是，他自称已经有了改变，但这是不可能的，因为他不会接受自己的不完美，当然也会认为自己没有改变的必要，所以这相当于是一种欺骗。另外，他这种态度也是由无意识的无所不能感觉决定的，患者认为自己很强大，只要有了消除麻烦的念头，那么麻烦就必定能除掉。

在害怕改变的背后，神经症患者最害怕改变会使他的状况变得更糟糕。他害怕自己的理想化意象被破坏，自己就会变成曾经被鄙视的样子，或者跟所有人一样。他害怕经过分析，他一下子变得体无完肤，变得一无是处，只剩下一副空壳子。他害怕许多未知的东西，害怕失去已经获得的安全感和满足感，害怕这是个心理安慰，到最后自己还是不能改变。这些，当我们讨论神经症患者的绝望后，对这种恐惧会有进一步的理解。

所有这些恐惧，都产生于未能解决的冲突，恐惧令我们害怕面对真正的自我，但是为了获得完整的人格，还必须要拿出勇气直面恐惧，才能达到自我整合。我们说恐惧就像一座炼狱，为了得到救赎，即便有再大的艰难，我们都要闯上一闯。

第十章　人格丧失

探索尚未解决的冲突会带来怎样的后果，是一个艰巨且复杂的过程，就好比步入一个无边无际、尚无人涉足的陌生领域。当然，我们也不要茫然得不知所措，最起码还可以从患者表现出来的症状着手，如酗酒、抑郁、癫痫或者精神分裂，从这些特定症状能更好地理解他们所受到的困扰。但是，我更愿意从一个更广泛，也更普遍的角度来审视，并提出心中的疑问：未解决的冲突以何种方式消耗我们的精力、损害我们的人格完整，以及破坏我们的幸福呢？我坚信要想理解这些症状，还必须对表现出这些症状的人做深入探究，因为我一直坚持这样的理念，所以才有上述的想法。在现代精神医学领域，有一种寻求用最便捷的理论，去解释神经症各种症状的倾向，从临床需求的角度考虑，这么做似乎也无可厚非，但我觉得在科学的层面上，它没什么可行性。例如，一位建筑工程师，在没有打地基的前提下，就想完成一座参天大楼，是多么的不可能。

在前面，已经提过与这个问题相关的一些因素，这里再简单地补充一下。还有一些因素暗含在前面的讨论中，还有一些其他因素要添加进去。总之，我写这本书的目的不是给读者留下模糊的概念，而是要描绘一个全景图。这个全景图，不仅能够让读者了解未解决冲突的危害，更主要的是，还能既全面又清晰地看到冲突是如何损害人格的。

冲突本身，以及所有为解决冲突所做出的错误尝试，都致使患者不得不带着冲突生活，这样的生活简直是浪费生命。一个精神分裂的人，不会把精力集中在一件事上，他总试图同时实现两个或者两个以上不能兼得的目标。这样做的后果，或者是分散自己的精力，或者是浪费自己的努力。比如，皮尔·金特之类的人物，凭借他的理想化意象，就认为自己全能，比任何人都出类拔萃。我的一位女患者，既希望自己是一位穿着朴实、能上得了厅堂下得了厨房的女主人，又希望打扮得光鲜照人，在社交和政治场所占尽风头。她既想做贤妻良母，又想有外遇或者是当女强人，那么，面临失败是毋庸置疑的。不管她有怎样的天生潜质，最终，她的精力都会白白浪费。

还有一种情况也特别常见，尽管目标只有一个，但动机和目标却相互矛盾着，这样他的目标也不可能实现。一个人既想和别人做好朋友，又不断地对人家发号施令，那么他想交朋友的愿望肯定不能实现。一位父亲既希望自己的孩子能在社会上出人头地，但他又滥用家长的特权而且非常固执己见，所以他也是无法达成目的的。又如一个人想写一本书，每当他心头形成一种想法，想马上写出来的时候，他提笔就感觉头痛欲裂或者浑身乏力，那他也成不了作家。我们分析一下最后这个例子，在这里还有理想化意象在起作用：在他的理想化意象中，他自认为有写作天赋，应该会文如泉涌，而事实上，真写不出东西的时候，他就会对自己大发脾气。他有可能还会这样想：自己的想法虽然很有价值，难保别人不会想到，因此一旦在书上写出来，就必须有压倒对方的优势，要一鸣惊人地把别人比下去，让所有人都赞同，都支持自己。但是，有这种想法的同时，他又不相信自己真有这样的能力。把自卑外化后，他非常害怕遭到别人的嘲笑。所以，最终导致了他无法正常思考，某一时间产生的灵感泡沫般破灭了，也就写不出东西来。再如，还有这样一个人，他虽然有很强的组织能力，有可能成为优秀的组织者，但由于他有施虐倾向，又得罪了身边许多人，所以他也不可能成为一个好领导。其实，只要我们留意身边的人和事，就能找到很多类似的例子，所以我在这里就不多说了。

神经症患者普遍存在思维不清晰的现象，但也有明显的特例。有时候，对某件事，患者会表现出一种惊人的专注力。比如，为了实现某个目标，有些男性患者可以牺牲一切，包括尊严；为了获得爱情，有些女性患者可以舍弃一切，只沉迷于爱情；为了孩子能出众，父母可以把一切心思都花在他们身上。这样的患者给人的印象可能是非常专注的，但就像我们前面说过的，他们的专注是在追求解决冲突中的幻觉。所以，这样的专注，并不代表人格的统一，反倒体现出患者的绝望。

消耗和分散精力的，不仅仅是那些相互冲突的渴求与倾向，在神经症患者的防御体系中，还有许多因素可以导致这样的后果。当患者对基本冲突进行压制的时候，一部分人格就随之被遮掩起来。被遮掩不等于消失，虽然不容易辨别，但依然活跃，依然影响着患者的言行及想法。其实，很多精力都应该用在树立自信、与人建立良好关系、与人一起努力工作等方面，可惜的是，精力都被患者用来压制冲突，白白地消耗掉了。我还要提一下隔离型患者。这类隔离型患者丧失了前进的动力，虽然也能完成工作，甚至因为外力的作用还会加倍努力，但需要他独当一面的时候，他根本做不到，只能表现为不知所措。因为大部分精力都浪费在压制冲突上，致使他在事业上毫无建树，也就毫无乐趣可言。

对大多数患者来说，诸多因素交织在一起，如一张无形的网，将患者的人格紧紧束缚。为了摆脱这种状况，我们必须反复考察每一种压抑，从不同角度去论证，才能真正理解它的特征，进而消除它。

尚未解决的冲突，通常会导致三方面的紊乱，它们都会消耗患者的精力，把精力分散到不该用的地方。第一种消耗精力的紊乱是犹疑不决。这种失调比较普遍，在各种大大小小的事情中，患者随时都可能表现这种状态。比如，买这种菜还是买那种菜？买这只箱子还是买那只箱子？看电影还是听广播？这类的小事情都可能让他拿不定主意。又如，面临找工作的时候不知道从事哪种职业好；就职之后，也不知道自己到底应该怎样做；有两个女人给他的感觉都不错，到底应该选哪个做自己的伴侣更合适；一旦婚姻出现问题，是应该果断离婚，还是一拖再拖等待转机……类似于上述这些问题，只要有一个摆在患者面前，他都会犹豫不决、惶恐不安、身心俱疲。

这类人通常会做出下意识的回避选择，因此他们的犹豫不决很多时候自己根本感觉不出来。有时候，他们又会故意避开需要做出选择的地方，必须解决问题时，他们也是能拖则拖。机会错过就错过了，或者干脆把选择权交给别人。甚至有时候，为了让事情变得无法做出决定，他们故意把事情弄得乱七八糟，于是，做不做决定变得不重要了，这样的结果正是他们想要的。这类患者往往自己意识不到这份彷徨心态，却能把自己犹豫不决的一面很好地遮掩起来。尽管在分析治疗时，分析师听不见患者关于这方面的抱怨，但事实上，他们深受这些问题的困扰，这种情况在治疗中很常见。

第二种消耗精力的紊乱是办事低效。我所指的低效率，不是指因为缺乏某种专业水准导致的低效，也不是因为工作中因熟练程度或兴趣等原因造成的低效。在威廉·詹姆斯的论文中，描述过这样一种未被开发的潜能，他说，当一个人面对外界压力仍然维持自己的看法，或者已经身心俱疲但仍然努力坚持永不言弃时，他的潜能就会迸发出来。我所指的低效，也不是这种未被开发的潜能。我指的是由于内心冲突无法发挥潜能所造成的低效率，打个比方，它就好像是踩着刹车让车子前行，必然影响进程。不管做什么事情，无论是从他们的能力上看，还是从工作的艰巨程度上看，都不应该出现这种动作迟缓的效率。并非是他们不想尽力去做，他们常常比他人付出的更多，如完成一份简单的报告，或者是熟练一项简单的操作，都要花费他们几个小时的时间。阻碍他们行动的原因也很多。比如，他在感觉到被强迫去做某事的时候，他会无意识地反抗；他可能纠结某一个细节做得还是不够完善；他可能在自己做不来的时候，表现出对自己非常愤怒，就像上面那个想成为作家的例子一样，他会责怪自己为什么做得没有想象得好。

低效不仅仅表现在做事缓慢上，此外，还有笨手笨脚、健忘也都是低效的表现。例如，一位家庭主妇或者一位保姆，在她的心里认为自己是一位很有才能的人，而从事家务劳动是一项很卑微的工作，她心里有了这种想法自然导致她很不情愿地做事，当然就影响做事效率。其实，她的低效还不仅仅表现在做家务上，其他所有事情上也同样低效。从主观上讲，一个人处在十分沉重的压力下工作，势必会更容易疲劳，所以就需要拿出更多时间缓解。在这种情况下，无论患者做什么，都必须付出更多的努力，就像我们上边的比喻，踩着刹车前行的车子注定开不快。

效率低下和内在的压力不仅常见于工作中，在人际关系上的表现也会很明显。如果一个人很想结交另一个人，但在交往过程中，他总会想：自己这样是不是有些委屈自己，并且有故意讨好别人的意思？这样他就会表现得有些不情愿，有些怪怪的感觉；如果他很想得到别人的一样礼物，又觉得强硬要来也没什么不可以，这样他就会表现得很没礼貌；他也想听从别人的意见，但又想坚持自己的看法，这样他就表现得犹豫不决；他也想主动去亲近别人，但又怕别人不给面子，这样就表现出既胆怯又很害羞；他一方面想和自己的伴侣保持性关系，另一方面又想给她点打击，于是他就会表现出很冷漠的样子，等等。这样的例子不胜枚举，这说明，一个人身上隐藏的矛盾冲突越多，给他带来的生活压力也就越大。

有些患者能够意识到这些内在的压力，但很多情况下，都是当压力严重到一定程度时才有所察觉。或者当偶尔的放松和身心自由时，可能有些患者会进行感情上的对比，这时，他也可能会意识到自身存有压力。至于压力给患者带来的疲劳感觉，他往往认为是来自其他原因，如可能是身体出现些小问题，可能是没休息好，可能工作压力过大等，这些情况确实是造成人们疲惫的原因，但它绝不是主要原因。

第三种耗费精力的紊乱很典型，叫作普遍性的懈怠。这一类型的患者深受自己惰性这一坏毛病的折磨，他当然也知道，所以常常责怪自己太懒惰，拖拖拉拉不愿做事。但应注意的是，这不是患者内心真实的声音，不是他心甘情愿地承认自己懒惰，也不是因为意识到懒惰而进行的自省。相反地，他还会有意识地排斥任何努力，想尽办法把问题合理化，找到借口为自己辩解。比如，他把自己认为是核心人物，他只要有些想法就行，他只要负责制定一些方案之类的工作，至于具体的工作由其他人完成就行了。此外，这类患者对努力的排斥还达到了一种恐惧的程度，他害怕自己付出的努力反而会把事情弄得更糟。他为什么会恐惧呢？考虑到患者感觉到自己很疲劳这一点，对他的恐惧也就不难理解了。假如在分析治疗的过程中，分析师也只看到患者疲劳的表面现象，并以此为出发点提出建议，那么他的建议有可能会进一步加深这种疲劳。

神经症性质的懈怠，意味着患者的主动性和行动能力的丧失。通常，严重的自我疏离，以及生活方向的迷失，是导致这种症状的原因。由于内心长期处于紧张状态，再加上不愿付出努力，就会使患者表现出一副无精打采的样子，即便偶尔会表现出一点小激情，也是人们口中常说的“三分钟热度”，转瞬即逝，根本改变不了什么。出现这样的症状，其实是由患者的理想化意象和施虐倾向直接导致的。在患者的理想化意象中，患者自认为很优秀，不需要付出和别人一样的努力，真要付出不就等于承认和别人一样平庸了吗？这违背自己的理想化意象，所以他宁愿守着他的幻想，不肯付之行动。他的理想化意象给他带来自信，但这份自信同时被他的自卑抹杀，自卑也把他对工作的兴致和乐趣遮掩，这时他会觉得，自己根本做不了任何有价值的事情。施虐倾向，特别是当它被压抑时（表现为施虐倾向的倒错），患者会采取一些过激的手法改正错误，因为他回避一切带有攻击性的事情，所以造成了自己不同程度的精神障碍。普遍性懈怠的影响力特别大，不仅影响患者的言行举止，更影响他的情绪。只要冲突未解决，精力就会一直被浪费。我们说，神经症从本质上说是一种特定的文化产物，它对人们的品质及潜能都造成损害，相当于是对特定文化进行的无声控诉。

尚未解决的冲突，不仅会分散精力，还会导致患者道德观的分裂。这里所说的道德观，包括道德准则，还有一些足以影响患者人际关系与自身发展的态度、感受和行为。与精力分散会造成精力的浪费是一个道理，道德的分裂也会让道德体系出现流失。换句话说，道德的分裂是对道德诚信的损害，它是患者的矛盾立场，以及患者掩盖矛盾本质的企图共同作用的结果。

相互矛盾的道德观也会出现在基本冲突中。虽然患者也会想方设法进行协调，但它们仍然会对患者产生许多负面影响。换个角度说，他们对某一道德观还是没有认真对待。理想化意象尽管包含着某些真实成分，但它终究产生于患者的幻想，所以无论是患者本人，还是经验不足的分析师都很难一眼看穿，识别患者的理想化意象，就仿佛鉴别两张相近的真假钞票一样。令人难以辨别的是，到底是患者真实的理想，还是理想化意象。当然，患者坚信他追寻的是真实理想，所以哪怕出现一点小过失，他也会非常自责。当然，这类患者给人留下了做事很尽职尽责的印象。那些所谓的理想及价值观真的会令患者感动不已，但它实在不是真理想，因为它对患者没有一点约束力，患者只有感觉到它很管用或对自己很有好处时才会去遵守，否则会像破鞋子一样被丢出去。前面我们在讨论盲区和区隔化时，见过这样的例子。那些真实拥有理想的人不会出现类似的情况。对于真正的理想谁会轻易抛弃呢？有一位患者，他总是坚信自己追求的就是真理想，而一旦遇到困难或一点诱惑时，就马上背叛了自己的追求。

当道德遭到破坏的时候，我们首先看到的就是真诚的流失，随着真诚的减少，人自然也会变得越来越虚伪、越来越自私。在一些禅宗的著作中，我看见过一句非常经典的话：真诚的人必然内心完整。这句话与我们临床观察得到的结论是非常吻合的，那些内心分裂的人，不可能完全真诚。分享下面这段对话，大家一起来体会下：

徒弟：我听说狮子在追捕猎物时，不管遇到的是一头大象，还是一只兔子，它都全力以赴。弟子不明白，这究竟是一种什么样的力量呢？请您告诉我。

师父：这是真诚的力量，或者说是不欺骗的力量。

真诚就是不欺骗，就是我们常说的“全心投入，不遗余力”，这意味着，既不浪费一分力量，也不节省一分力量，真实不虚。如果一个人能这样生活，那就像这头金毛雄狮；这是雄健、真诚和内心完整的象征；如此，便是一位圣人。

我们说无论是虚伪，还是自私，都属于道德范畴里的问题，都是以自己的利益为出发点，希望别人服从于自己的需要。在患者的心里，没有人人平等的观念，在他看来，别人不过是自己利用的工具罢了。这类患者无论是喜欢一个人，还是讨好一个人，都是为了缓解自己内心的压力；他与人为善，是为了给自己带来更好的感觉；他总是谴责他人，是因为自己不愿承担责任；他总想打败别人，是因为自己更需要凭借成功来支撑，等等。

前面已经讲过，不同个体所表现出来的损害也各不相同。我在这里，对它们不再一一地解读了，因为那将是一个十分艰巨的任务，我们只做系统性的回顾就好。目前，我们还没有探讨施虐倾向，因为它一直被视为神经症的最后阶段。所以，我们把它放到后续章节里。无论神经症以哪种方式发展，都具备一个非常重要的因素叫无意识的虚假。下面，我们就讲讲无意识的虚假的显著特征。

虚假的爱。一提到“爱”这个词，我们就知道它包含着多么丰富的感受和渴望，也包含着一些人自认为是爱的主观感受，其种类之繁多令人惊叹。有的患者需要爱，因为他认定自己既空虚又脆弱，没法独立生活，所以寄希望于他人，这是一种寄生式的期望，是一种错误的爱；有的患者需要爱，因为他具有攻击性倾向，这种爱能满足他控制他人的欲望，通过他人自己能获得成功、威望或者权利；有些患者需要爱，为的就是体验一种征服和战胜对方的感觉，或者把自己融入对方，然后借助别人来过上自己理想的生活，为达此目的，有时候甚至不惜用上施虐手段；有的患者也需要爱是因为他渴求别人的赞美，以肯定自己的理想化意象。在我们的文明制度中，上述原因致使爱与温暖和真情逐渐脱离，关于背叛和控制的例子随处可见，以至于我们都产生了一种幻觉，认为爱几乎与怨恨、冷漠、鄙视、控制等有些形影相随了。实际上，不是爱的本质发生了变化，而是这样的感受和倾向都是一种虚假的爱，必然经不起时间的考验。这种虚假的爱很常见，不仅出现在夫妻之间，也出现在父母与孩子之间，还会出现在朋友之间，这一点我们应该认识到。

虚假的善良。这一项与虚假的爱相似，患者一般表现为虚假的无私和一些同情感。通常，虚假的善良在顺从型患者身上表现得最明显。我们知道顺从型患者喜欢亲近他人，由于在这类人身上攻击倾向受到压抑，另外还有他们特有的理想化意象，都导致这种虚假的现象越来越严重。

虚假的兴趣与学识。与自己的情感疏离，并且认为仅凭理智就可以掌控生活的人，他们身上这种虚假的表现最为强烈。这类人在人前总是表现出一副无所不知又无所不能、对任何事物都非常感兴趣的模样。还有一类人身上存在这方面的虚假，只不过隐蔽得很好，不易察觉。他们表现为全心全意地做工作，看上去态度很积极，但他们却没有意识到，他们所有的心思其实全在追逐权利、财富和成功上，所以说他们表面上的一心一意不过是一种假象。

虚假的诚实和公平。在攻击型患者身上经常能看到这种虚假，尤其在他施虐倾向发作的时候，就表现得更为明显了。在他眼里，别人表现出来的善良和爱都显得很虚伪，而他则不同，自己没有伪装，是一个很真诚的人。他从来不会假装善良，也不会假装孝顺，不会故意装出很大方，不会高喊口号装出很爱国的样子。但这些并不能说明他就很诚实，只不过虚假的表现角度不同，属于另一种伪善。他抗拒大众观点，可能只是想表达对传统观念的否定。他敢于说“不”，这种强硬也不是说就很强大，实际上是满足他击败别人的愿望。他也可能表现出坦诚，但在他的逻辑里，对别人的讽刺和嘲笑也是一种坦诚的表现。他宣称自己“公正”，但背后可能隐藏着利用他人以谋求自我私利的企图。

虚假的痛苦。对于虚假的痛苦，人们在认识上存在很多疑问，所以，我们有必要进行详细的论述。弗洛伊德理论的赞同者，以及一些经验不足的分析师，他们都认为神经症患者有一种被虐待的需求，认为他们病状严重到需要忧虑，甚至渴望别人的惩罚，并且，我们都知道有很多资料很支持这一观点。用“需要”这个术语形容患者的需求，我感觉近于残忍，这之中包含了许多理性的罪恶感。其实，持有这一观点的人没有认识到，神经症患者实际上的痛苦，远胜于他们能意识到的痛苦。他们处于痛苦的包围之中，很多痛苦自己是无法感知的，即便是目前能意识到的这些痛苦，也是他们经过分析治疗逐渐康复的时候才发现的。那些持“痛苦需求”理论的人，他们没有弄明白的是，只要冲突未被解决，这些痛苦是无可避免的，这根本不以患者的意志为转移。换种说法，神经症患者不是主动“需要痛苦”，而是不得不承受这些痛苦。并不是神经症患者喜欢受虐待，也不是神经症患者愿意选择让人格四分五裂，而是他内心的需求强迫他们这样做。神经症患者若很宽容，很谦卑，就如挨了一记耳光，还会选择主动把另一侧脸送上去，他显然不是这类人，真要是那样，他会感到耻辱，会很瞧不起自己。所以，神经症患者表现虚假的痛苦，是因为害怕自己的攻击倾向，万一攻击性冲动突然发作，自己就会从一个极端步入另一个极端，这样他宁可选择自己受别人虐待。

同时，神经症患者喜欢夸大自己的痛苦和不幸，表现出有受虐倾向。这类患者一般习惯于向别人展示自己的痛苦，甚至是炫耀自己的痛苦，其实，他这样做别有动机。比如，可能是为了求得关注，可能是为了得到原谅，或者是无意识地想借机利用他人达到自己的目的，也可能用它来消除对报复欲望的压抑。基于神经症患者内心的情感和感知情况，我们认为这些都是他达成自己目的的一种手段。不但如此，还有一个不容忽视的事实，患者还把自己的痛苦原因想方设法地推出去，想通过这样来证明自己是无辜的，他这样的托词自然是站不住脚的。有时候，他也许会承认都是自己的过错，也流露出一副闷闷不乐的样子，显得很苦恼，但其实，他苦恼的是真实自我与他理想化意象的严重不符。比如，有一位患者，一段感情破裂后，他和爱人不得不分手。这时他感觉天旋地转，仿佛面临崩溃。虽然他自认为是因为爱得太深了，但实际上，他只是无法忍受一个人生活，所以才会有这样的感觉。我们说患者的痛苦是虚假的，还因为他对这种痛苦认识得不深刻，常常把愤怒错当成痛苦。比如，一位女性，她痛苦不堪的原因竟然是因为恋人没有按时给她写信。其实她内心真实的感受是愤怒，她不能容忍恋人对他的忽视和冷漠，哪怕只有一点点她都会感到痛苦，或者说她希望所有的事都应该按她所想的那样发展。这个例子中的女患者是痛苦的，但她宁愿这样痛苦着，也不愿意承认愤怒的事实，更不愿承认是因为神经症所以愤怒。并且，她会反复强调痛苦，是想通过它遮掩自己人际关系中的虚假。综上所述，所有神经症患者都不会主动“需要痛苦”，他们所表现出来的痛苦，是一种无意识的虚假痛苦。

虚假痛苦会给患者带来损害，还有一种更深层次的特定损害，我们叫作无意识的傲慢。拥有这种无意识傲慢的患者，把自己本身不具备的品质，或者只具备一点点的品质，当作是自己的完全拥有，并且以此为据，觉得自己有资格苛求别人或轻视别人。这当然不合理，但患者根本没察觉自己的要求有多不合理，属于一种无意识的傲慢，也可以说是狂妄自大。这里，我们不去分析有意识的傲慢和无意识的傲慢有什么区别，我们来讨论，患者身上那些明显的傲慢与隐藏在谦虚背后的傲慢，看看二者有何区别。这两种傲慢，本质上的区别不是看傲慢的程度，而是它们所表现出来的攻击性的强弱。如果一个人的傲慢属于第一种，那他就会公开地要求特权；如果一个人的傲慢属于第二种，他会特别期待得到特权，一旦期待没有实现，他就会觉得自己受到了伤害。这两者有不同，也有一个共同点，就是这类人都不承认自己有缺点。事实上，所有人都是有缺点的，只不过有的人缺乏一种承认事实的谦卑态度而已。我们应该让他们勇于承认自己的缺点，不仅在口头上承认，还要在心里承认。在我的临床实践中，所有的患者都不希望听到自己的缺点，他们根本不愿意思考这个问题。这一点，在第二种有潜在傲慢的人身上表现得最明显。这类人，因为过失，他可能会深度自责，但他也不愿意承认“我知道得很少”。就像圣·保罗一样，他宁可责备自己粗心大意或者是太懒惰，也不甘心承认自己没有能力一直保持好状态。判断一个人是否有潜在的傲慢，需要看他在自责（以及随后的抱歉）与内心的愤怒（对批评和冷落的不满）之间是否有明显冲突。这并非易事，因为过分谦虚的人很可能将这些感受遮掩起来，所以必须经过非常仔细的观察，才能看出患者是否有受伤的感觉。事实上，他也可能与公然傲慢的人一样，对人苛刻，批评人时不留一点余地。这类人表面上十分谦卑、崇拜他人，但实际上，只有别人达到自己理想化意象时，才认定他和自己一样完美。这说明，他不接受别人真实的个性及差别性，也缺乏对他人品质的尊重。

在神经症患者身上还有一个问题属于道德范畴，那就是立场不坚定，以及随之而来的不可靠性。这类患者对人、对事或者对某种观点做出判断时，他常常凭借自己的主观需求，很少根据客观事实表明立场。因为他情感的需求往往是矛盾的，所以他的立场也不稳定，就像是无意识地被收买了一样，受喜爱、名望、特权或一些所谓的自由的影响，他的立场也忽左忽右经常改变。无论是他与个人的关系，还是他与团体的关系，在他所有的人际关系中我们都能看到这样的情况。患者经常无法表达自己对他人的想法及感受。一些毫无根据的流言也能改变他的观点。即便与自己原本关系很不错的朋友，因为对他有点小失望，或者有点轻视的感觉，或者感觉自己受到了他不同的待遇，他都不能容忍，会选择与之断绝关系。生活中一旦遇到些困难，哪怕是很微不足道的困难，他的热情也会马上退却，随之就变得蔫头耷脑，没有一点精神。至于他的政治观点、科学理念或是一些宗教信仰，都可能因为一点个人私怨就改变了。或许，在比较私密的谈话中他的观点能够鲜明一点，但只要碰到一些权威压力，或者碰到一些团体压力，他也会马上改变立场做出让步。这种轻易就改变立场的毛病，很多时候他是意识不到的，当然更无法知道自己为什么要改变立场了。

对一些明显的摇摆不定，神经症患者也会无意识地去避免，以便给自己留出一些选择的余地。他采取的措施就是：在一定场合，需要表明观点的时候，他绝不第一个发言，他会保持观望，这样有利于他像墙头草一样，哪边风大随时偏向哪边，或者他会把自己的一些想法进行合理化，然后再抬出“情况复杂”或“维护公正”的借口。我们说维护公正当然是一种很宝贵的品质，但真正能做到内心公正的人，好多时候确实会难以抉择。但神经症患者追求的“公正”，只是想让人认为他是一个没有偏见的人，是一个“圣人”。这样的公正是其理想化意象的一部分，带有强迫性的需求。这时候，患者会有一种对双方“一视同仁”的倾向，实际上是持有一种虚假的公正态度。如果是在一场辩论会上，他会认为两种观点并不矛盾，双方的观点都是正确的。事实上，他从来没有通过事物的表面看清问题的本质，不过是一种虚假的公正。

不同的神经症患者，在这方面的表现也不同，而且差异很大。如果是隔离型患者，他们会远离旋涡般的病态竞争和亲密关系，不容易被“爱”或被其他欲望所诱惑，所以他们的立场不容易改变，我们能在这类人身上看到最大限度的公正。但也不是说所有的隔离型患者都有坚定的立场。有的患者可能讨厌争论；有的患者可能不愿表明自己的态度；或者有的患者因为自己心中根本没有明确的立场，所以他们采取随波逐流的态度，别人说好就好，别人说坏就坏，顶多能记住有根据还是没根据，也就是说，这类人也没有自己的看法，或者他们有的也是混淆不清的看法。

我原本以为神经症患者都难以持有自己的观点和意见，这好像被对抗型患者的表现推翻了。我们来看对抗型患者，他们似乎非常有能力确定自己的看法，并且为之辩护，为之固守。尤其当他们固执地认为自己绝对正确的时候，更是这样了。但我们千万不要被他们迷惑，他们这种表现其实都带有欺骗性，因为这类人持有的观点，他们并不敢确定就是正确的，只是因为他们的固执己见，所以他们就一味地坚持。而这类人的观点通常带有盲目性和教条性，他们不过是用自己的固执己见，来消除内心的疑虑罢了。事实上，这类人如果受到权力或成功的诱惑时，也很容易改变自己的观点。他们对名望和权力的渴望，在很大程度上，限制了他们的可靠性程度。

“责任”一词含义广泛，它指的是尽职尽责地完成义务。神经症患者对责任的态度令人十分困惑，他们特定的神经症结构，决定神经症患者是否能尽职尽责，所以，不同的神经症患者，对责任就会有不同的表现。对某些神经症患者而言，对人负责就是只要自己的行为影响了他人，就得对自己的行为负责了。但事实上，这也可能是他的一个借口，用这个借口来掩盖他控制他人的企图。神经症患者认为自己应该负起责任，应该承受责备，当他有这种“负责”的态度时，很可能有了一种愤怒的情绪，其实他只是恨自己没有变成理想化意象中的自己。那么，这种意义上的

“负责”与真正的责任就毫无关系了。

为自己负责是什么意思呢？如果我们弄明白这个问题，那么，自然而然就会明白，为什么神经症患者为自己负责那么难，当然，他们有可能做得到，但即便做得到也要面对很大难度。首先，负责的意思就是要承担后果，对神经症患者来说，不管是在语言上、行为上，还是在思想上，他都得做到对自己坦诚，对别人也坦诚，而且愿意承担带来的后果。一些欺骗和推卸责任的做法与责任完全对立。所以，想让神经症患者对自己负责真的太难了，因为他们根本不清楚自己做了什么，为什么要这样做，甚至他主观上也不想知道。这也是他千方百计逃避责任的原因。他逃避责任的借口很多，如他可能会说自己一时大意，或者自己误会了，或者干脆否认，或者遗忘，或者表现出不屑一顾，或者其他，总之理由会很多。他习惯性地认为，他所承担的困扰都是他的妻子，或者同事，或者分析师给他带来的，因为他不承认自己有错，或者干脆把自己完全置身事外。其次，神经症患者在自己的理想化意象中是无所不能的，所以也不需要为后果负责，可能他连后果是什么也看不清。在这样一种理想化意象全能感的驱使下，他会私下里认为：自己可以为所欲为，不负任何责任。但事实并非如此，所以当他真正意识到自己并非无所不能的时候，也就是他理想化意象破灭的时候，当必须要为后果负责的时候，他就经不起打击了。最后，还有一种情况，在神经症患者身上经常能体现两个词语，一个是过错，另一个惩罚，而他们所有的思维活动似乎都是围绕这两个词展开的，换言之，他们身上似乎有一种与生俱来的缺陷，那就是不会用因果关系进行思考。在分析治疗的过程中，当分析师引导患者面对自己的冲突及冲突带来的后果时，几乎所有的患者都会认为，那就是分析师在谴责自己。即便是在分析情景之外，神经症患者也会觉得自己像一个犯人被看管着，别人对他充满怀疑，充满敌意，所以他总是处于一种防御的状态。这种情况也说明患者已经将自己的内心活动外化了。是他的理想化意象让他认定别人在怀疑他、在对付他，这一点我们已经明白了。在他的心里草木皆兵，已经构建起防御阵线，再加上这些心理活动被外化，在这种情况下，他当然不可能把自己带入问题中去考虑因果关系。假如说，某件事情与自己无关，不会给自己带来什么麻烦，对待这样的事他就不会责怪别人，他就和其他人一样实事求是。比如，天上下雨地下流这样的事，他当然不会问这是谁的责任，而是接受这种偶然的关联。

说到为自己承担责任，那就是不仅仅为自己的错误承担后果，也要坚决地捍卫自己认为正确的东西，不管是一个行为，还是一个决定，都是一样。但是，当一个人被内心的冲突分裂的时候，就很难做到为自己负责了。我们试想，在他内心的所有冲突倾向中，他不知道应该选择哪一种倾向，不知道能够让自己选择哪一种倾向，因为没有任何一种是他真正想要或相信的东西，他坚持和维护的只有他的理想化意象，他坚信这个没有错，当然也就不用他负责什么了。所以，当神经症患者意识到，他的决定或行为真的出错的时候，他就会用外化作用把责任推给别人，如此，他就可以继续假装自己是正确的了。

为了更好地说明这个问题，我举一个简单的例子：某单位的一位领导，他希望在自己的单位里他最有权力和威望，没有人能超过他；他设想，假如自己离开这里，其他人什么决策都做不了，什么事都干不成；他不希望把自己的权力脱手或分散，即便是受过专业训练的人，即便是在某些方面业务很精通的人，他也认为不会比自己更适合；他认为他比任何人都见多识广；他不希望其他人感到自己是单位里不可或缺的成员，或者正在变得不可或缺；当他没有达成目标时，他会认为只是自己太忙，所以没顾过来而已。在这样的一个人身上，除了有控制他人的倾向外，也存在顺从他人的倾向，如做个老好人。基于这些未解决的冲突，在他身上会出现我们之前所说的一些症状，如惰性、困倦、拖延，犹豫不决等，这样他就无法安排好自己的时间。他还会表现为，赴约时经常迟到，他会觉得遵守约定带有强迫性，反倒对别人等自己的感觉比较享受。另外，为了满足自己的虚荣心，他还会做很多无关紧要的事，哪怕是在家里想做个好丈夫的想法，也耗费了很多时间。毫无疑问，这样的人不可能成为一个好领导，但关键是他认识不到自身的问题，反而会把责任推到别人身上，或者说外部环境影响了自己的发挥。

那么，我们再问一次，这样的人他到底能为人格中的哪一种倾向负责呢？是他的支配倾向？还是他的顺从倾向？首先，他对这两种倾向都没什么察觉，即便是他意识到了，因为二者同时具有强迫性，他也做不到支持其中一个而放弃另一个。另外，他的理想化意象不允许他看清自己，他能看到的都是自己的优点，诸如远大抱负、无限潜力等。基于这些原因，他不会对冲突产生的后果负责，因为那样做相当于把自己一心想掩盖的东西全部暴露出来。

通常，神经症患者特别不愿意（无意识的）为自己的行为及后果承担责任，哪怕后果就摆在眼前，特别明显，他也能假装没看见。他固执地（也是无意识的）认为自己无所不能，即便自己身上真有冲突也没关系，自己完全可以解决。因为总是有意或无意地回避问题中的因果关系，所以对于后果，他认为那应该是别人该考虑的事，与自己不发生关系。其实，假若他真的能承认因果关系，他会从中得到很多好处，起码，他能认识到自己的生活方式是种病态的方式，因果关系已经简单明了地表明这一问题。但神经症患者尽管采取无意识的应对手段，用各种狡猾的手段回避它，也改变不了我们精神生活中的规律。当然，不仅仅是在精神方面，这些规律也同样制约着我们的肉体。

由于神经症患者只能看到，或者隐隐约约感觉到“责任”的消极意义，所以接触到这个话题时，他就表示不感兴趣。回避责任，势必使他实现独立的愿望落空，这一点也许他开始并不理解，但以后就会慢慢领会到。他以为只要自己有勇气做出承诺，就能实现独立了。实际上，一个人若想获得真正的内心自由，必须要勇于承担责任，还要勇于对自己负责才行。

神经症患者为避免发现自己的问题，并否认痛苦源于内心冲突这一事实，通常他会采取三种手段，这三种手段有时任选其一来用，更多的时候还会三种并用。

第一种手段是外化，这种手段神经症患者用起来得心应手，一切外部事物，都可能被他拿来当作自己痛苦的原因，如父母、妻子、命运、健康、空气、食物等。在他的心里，他可能会觉得自己根本没犯错误，完全是个无辜的人，是命运对自己不公平，所以才会有感冒、生病、衰老、夫妻不和、孩子体弱、得不到领导和同事的赞扬等许多不幸落在自己身上。无论是出于有意识，还是出于无意识，他这样的想法都犯了双重错误。一是他把自己应该承担的责任推得一干二净；二是他同样视而不见那些不应该由他负责的因素，同样对他的生活产生很大影响。

第二种手段是以自我为中心，切断与别人的联系。这是隔离型患者惯用的一种策略。他们非常自私地只关心自己，凡事以我为中心，从来不把自己当作大链条上的一个小环节。他们甚至认为，在某个时间段，或者某个特定条件下，他们必然会取得成功，收获一些好处。他们不愿意把自己与别人联系起来，然而令他们困惑的是，这种疏离令他们苦恼。

第三种手段是拒不承认因果关系，也就是否认痛苦的真正原因。在这类人看来，一切不好的结果都属偶然事件，与自己无关，并非自己言行所致，如那些恐惧和抑郁就是从天而降的，突然之间就出现了，他自己根本不知道是怎么回事，所以也与自己无关。这也许是患者对心理学缺乏认识，或者是对自己了解不深的缘故。在分析治疗的过程中，当分析师提出一些有关联性的问题时，患者会极力否认，若想进一步交流那是绝不可能的。他要么否认存在因果关系，要么即使相信也假装看不见，甚至他还会猜想，是分析师故意把责任推到自己身上，也许分析师不是真的想帮助自己，那些分析师很狡猾，总是想办法挽回自己的颜面。由此，患者可能意识到了懈怠产生的原因，但对于懈怠造成的后果，不要说患者看不见，即便是看见了他也会拒不承认。而这种懈怠确实令他的工作和生活陷入困境，同时影响了分析师工作的正常推进。对于患者的对抗型倾向，即便他想到了，也不会将自己与人发生冲突或不受他人喜欢联系在一起，他就认为，内心存在的困扰与生活上的麻烦风马牛不相及，根本就是两回事。这种把内心的冲突及冲突带来的影响分开，是区隔化产生的主要原因，也导致了整体事物的分裂。

大多数时候，患者拒绝面对自己的对抗型倾向，以及由此倾向引发的后果。由于这种倾向和后果正是患者大费周折努力隐藏的，所以就连分析师也很容易忽视，在分析师看来，这种因果关系应该是很明显的。试想，患者从思想上对后果视而不见，也不明白自己为什么会这样做，那么又怎么能清楚它对自己生活的严重困扰呢？这正是分析师工作的意义所在，在分析治疗过程中，分析师要帮助患者意识到后果的存在，这是最有力的治疗方式，只有令他们直面这样的事实，从内心进行最根本的改变，才能重新获得自由。

试想，一个患者对自己的虚假、自私、自大、推卸责任等行为根本不敢负责，那么他的道德体系又如何建立呢？可能有的分析师会说，患者的道德问题不是我们应该考虑的，那不是我们职责范围内的事，作为分析师，关心患者的疾病，然后根据病症进行有效的治疗，这才是重要的。甚至，有的人依然是弗洛伊德理论的支持者，认为抛弃“道德说教”是一种科学态度，是弗洛伊德伟大的贡献之一。

这种饱含争议的所谓科学态度经得起推敲吗？在人的行为问题上，分析师真的可以摒弃道德取向进行判断吗？不管分析师是否有意识地拒绝承认，但他们在决定什么需要分析、什么不需要分析的时候，其实就是在道德基础上进行的。如果他们的判断是在太过主观或太过传统的基础上做出的，那这样的判断就会隐藏很多弊端。比如，分析师会认为男人放荡些不需要分析，女人要这样就不行，那就得严加分析；或者他会觉得放荡些很正常，可以无关乎男女，只要对其忠诚度进行分析就行了。这样的判断显然是我们不能接受的。事实上，判断什么应该分析、什么不应该分析，应该依据神经症的具体类型做出判断。所以，我们应该关注的是，患者的态度是否对他的成长造成不良影响，是否对他与别人的人际关系造成了不良影响，如果真的产生了不良影响，那当然就是错误的，需要进行分析。分析师就是要把为什么需要纠正这样的错误告诉患者，以便患者心中有数进而配合治疗。

最后，我要说的是，分析师摒弃道德的观点是非常错误的，这样几乎和患者的思维方式一模一样了。这样的观点相当于在说：道德是一个判断问题，每个人的道德判断都不一样，没有谁对谁错的分别。这样的观点忽略了一个事实，那就是道德倾向关系着一系列真实的后果。我们以神经症性质的傲慢倾向为例，就可以看到，无论患者要不要对此负责，它都是真实存在的。分析师坚信，患者必须认识到自己的傲慢，然后最终克服傲慢。我们来分析一下，分析师为什么会这样认为呢？一种可能是，分析师在学生阶段就学到了谦虚是一种美德，而傲慢是一种罪过；另一种可能是，基于傲慢是不切实际的这一事实，还有傲慢造成的不良后果，所以不管患者是否对此负责，傲慢对事实的背离，这样的后果都需患者自己去承担。所以，分析师有了这样的判断标准。在这个例子中，我们看到傲慢的后果，就是患者无法正确认识自己，从而阻碍了他的成长。另外，傲慢的人不公平地对待别人，反过来对自己也有很大影响，如时常与人发生争吵，与别人逐渐疏远等，都会让他更深地陷入神经症之中。由于患者的道德一部分产生于神经症，另一部分又维持了神经症，所以分析师别无选择，必须对患者的道德问题加以关注。

第十一章　绝望

纵然内心有尚未解决的冲突，但神经症患者有时可以带着冲突，在自己感兴趣的事情中，获得短暂的满足。但这种满足，也就是这种快乐必然少之又少，因为有很多条件制约着它。比如，有的患者必须在自己独处的时候，才能获得快乐；有的患者又必须和别人在一起，才能获得快乐；有的患者必须是自己处于主导地位的时候，才能获得快乐；或者有的患者，必须是所有人都赞成他的时候，才会获得快乐，等等。由于那些能让他快乐的条件，很多是互相矛盾的，所以他能够获得快乐的机会也越来越少。比如，某个人也希望另一个人当领导，但在他的内心里，却为自己不能做领导，只能看着人家风光而耿耿于怀。有这样一位女士，她的丈夫取得了成功，她本来应该很高兴，但她却偷偷生出嫉妒心；还有一位女士，想举办一次聚会，聚会应该是一件很快乐的事，但偏偏她太过追求细节的完美，所以聚会开始前，准备工作就把她弄得筋疲力尽了。在这种情况下，神经症患者即便找到了快乐，但这种快乐也是短暂又脆弱的，很容易被他的缺点或恐惧干扰。

不仅如此，在神经症患者看来，日常生活中的一点点小意外都是非同小可的大灾难。在他的内心深处不容许自己出现过失，尽管他没办法保证自己不出错，因为在他看来，哪怕是一点点的小过错，都等于承认自己毫无价值，那样，他就会陷入忧郁之中。对于他人对自己的评价，即便没有任何恶意，他也会感到焦虑，感到担忧。于是，他变得更加不快乐，更加不满足。

这种情况看起来已经很糟糕了，但神经症还会因另一个因素的影响而继续恶化。我们都知道，如果一个人内心充满希望，那么，即使再大的痛苦也是可以忍受的，但是，神经症患者内心的冲突不断，不可避免地会使他陷入一定程度的绝望中。绝望的程度和冲突的严重程度成正比。从表面上看，患者是按照计划和理想行事的，他自以为这样就会让事情朝着好的方向发展，然而内心已经隐藏着绝望。比如，男性患者会寄希望于结婚，只要是结了婚，就会有一位好妻子，就会有一个比现在更大的房子，就会换一位不同的上司，可能这样情况就会改善了。女性患者可能会幻想自己是个男人，身高比现在更高或更矮一些，年龄比现在更小或更大一些等，可能情况都会比现在好。不可否认，某些不安的因素消失后，确实会给患者带来一些帮助，但这些期望是他们内心矛盾外化的表现，更多的时候只能使他们的绝望加剧。神经症患者总是希望外界的变化会给自己带来好的改变，外界变化了，自己和自己的神经症也会步入一个新环境。

相比较来说，年轻人建立希望更依赖外部因素，这也导致了分析师对年轻患者进行分析时，会比预想中的还要困难。当然，当他们的年龄越来越大，当希望一个个变成泡影的时候，他们会逐渐地把视角转向自己。

尽管患者本人意识不到自己内心的绝望，但我们可以通过他所表现出来的症状，来判断绝望是否存在及它的强烈程度。有些患者，曾经失败的经历使他的绝望感表现得既强烈又持久，远远超过了经历本身的正常影响范围。比如，患者青少年时期遭遇的失恋、朋友的背叛、考试落榜、被不合理地开除等，都可能使他陷入无边无际的绝望中。患者为什么会有这么强烈的反应呢？在事件的背后会有什么特殊的原因吗？经过探究我们发现，不幸的经历本身就会引发更深的绝望。有些患者，即便看上去很快乐，但只要他内心里有了厌世的想法，一心想着自杀，就算他还没有采取行动，也说明他已经深陷绝望中。

绝望的表现形式很多，如玩世不恭、轻浮还有一种是一切无所谓地去做事，这些都是绝望的一种表现，无论是在平时，还是在分析治疗中都很常见。还有，没有信心和勇气面对困难同样都是绝望的表现。这类型的绝望都是弗洛伊德归于负面分析反应的主要内容。解决困难尽管伴随着痛苦和煎熬，但也可能带来新的感悟，对神经症患者来说是一条很好的出路。当然，患者也有可能陷入沮丧和失望，从而不愿再为分析和治疗付出精力。这样的情形从表面上看，好像是患者缺乏克服困难的信心，更深层的原因，也许是患者有一种即便克服困难也于事无补的想法。如果在这种情况下，分析师在分析的过程中给他带来的不安会让他非常反感，并怨声载道，说那些分析只能让他感到害怕，一点别的意义都没有。除此之外，绝望还有一种表现形式，就是喜欢算命，喜欢预测未来。喜欢用占卜等方式预测未来，表面上看，他可能是出于害怕遇到挫折、害怕犯错这样的一种焦虑心理，但实际上，说明他对未来抱有一种悲观态度，没有积极的心理。很多神经症患者都和希腊神话里的女神卡珊德拉一样，即使患者的设想很理性，但从他们总是凝视黑暗，看不见光明这一点上看，都足以证明他们的内心充满绝望。

最后，慢性抑郁也是绝望的一种表现形式。通常，这种表现非常隐蔽，表现得又不是很强烈，以至于常常被人忽视。陷于这种状态里的人，从表面上看还蛮幸福、蛮快乐的模样，和正常人一样地生活着，但实际上他是深受折磨的。比如，每天早晨起床就得花费好几个小时，他几乎没有勇气面对新的一天。虽然面对生活，我们没有听到他的抱怨，也没有说过“生活是副枷锁，死才是解脱”之类的话，但他对生活已经失去热情，已经失去了热爱，早已心灰意冷，表现出来的也是一种多愁善感的样子。

有时候，患者可能在一定程度上感觉到了绝望，但是他还认识不到绝望的根源。生活中，他不再期望能出现什么美好，他被动地、以一种忍受的心态接受自己所遭遇的一切。他会认定一个人的命运都是上天安排好的，生活归根结底就是一场悲剧，所以一切努力皆为徒劳。他还会用哲学上的理论为自己寻找开脱，让自己确信什么都是无法改变的。

这类患者身上的绝望，只要分析师与他一接触马上就能感觉到。这类患者往往表现出非常任性的样子，不会为某人或某事做出一丁点儿的让步，一丁点儿的风险他都不会承担，一丁点儿的代价他都不愿意付出。事实上，他不愿做出一点让步，是因为他已经不指望通过让步来换取什么。不仅仅是分析治疗中如此，就是日常生活中他也是这样的态度。即便对自己的处境不满，但患者也不愿意努力改变，哪怕是稍微付出一点努力就能改变的，他一样不会付诸行动。这种绝望使他近于瘫痪，寸步难行。

有时候别人的一句话，就能令隐藏在患者内心的绝望“浮出水面”，如分析师鼓励患者不要泄气，只要再努力一下就可以解决问题了。患者可能就会回答：“你不认为这是一件不可能的事吗？”但当患者逐渐意识到自己的绝望时，他又会驾轻就熟地把一切根源归咎于外部因素，如工作、婚姻、政策等方方面面，通常不包括任何具体或者暂时的环境因素。他会努力说服自己，一切的责任不在自己身上，与自己毫无关系。在他的心里，他认定自己不会得到什么快乐，不会拥有什么自由，也做不成什么大事业，甚至任何能使生活变得有意义的事都变得虚无缥缈，离自己很远很远。

也许索伦·克尔恺郭尔对这种现象的解答很深刻，他在《致死的疾病》一书中说，所有的绝望从根本上说都是因为人无法“做自己”而产生的。其实，不同时代的哲学家强调“做自己”的重要性，强调无法实现这一点时，人们就会产生绝望。就连禅宗著作也把“做自己”作为核心主题。在现代学者中，我引用约喻·麦克马雷的一句话：“除了真正成为我们自己，还有比这更重要的事吗？”

绝望归根结底是患者放弃了解决冲突的希望，放弃了让自己的人格不被分裂的希望。多种神经症都可能导致这种状况的出现。这类患者感觉自己就是一只困在笼子里的鸟儿，冲突就是困住自己的笼子，尽管自己也做了许多尝试，但每一次左冲右撞都以失败告终，他怎么也飞不出去。不仅如此，他还变得更加疏离，而每一次重复的经历又加深了他的绝望。分析失败的原因，或许是自身精力分散，无法同时进行很多事；或许一些创造性的工作难度太大，阻碍了他的努力。这样的事不仅出现在工作上，就连他的恋爱、婚姻、友谊都出现问题，一个接一个地失败。正是这一个又一个的失败给患者带来打击，变得灰心丧气，就像实验室里的小白鼠。小白鼠看见笼子外有食物，它跳起来一次又一次地扑向食物，当然它怎么跳也吃不到，因为它被笼子门挡住了。

另外，患者身上还承受着另一种绝望，就是无法实现理想化意象带来的绝望。在产生绝望的众多原因中，这是否是最重要的一个，我们还说不准，但可以确定的是，当患者意识到真实自我与理想化意象之间存在的巨大差异时，他会马上陷入深深的绝望中。不能变得和自己想象的一样完美，这自然是绝望的一个原因，还有一个更重要的原因，是患者由此产生的极度自卑。他觉得不管是在工作方面，还是在爱情方面，自己想得到的都不可能得到了。

最后，还有一个令患者感到绝望的原因叫重心转移。一次次的失败令患者失去了生活的原动力，开始把重心从自己身上转向外部。这时，他失去的还有自信，还有作为正常人所具有的信念，而导致走向自暴自弃的境地。这种态度起初可能不会引人注意，但是一旦产生，后果会非常严重，我们可以把它称作“精神上的死亡”，所以，对它还要引起足够的重视。我们来看索伦·克尔恺郭尔的一段话：“虽然他很绝望……但是他还是可以……继续打发日子，至少他看上去和所有人一样，每天都忙忙碌碌，结婚生子，追名逐利，捍卫尊严。也许没有人会注意到，从更深的意义上讲，其实他已经不具备自我了。像这样难以引人注意的东西，人们一般不会关注，好像自我总是人们最不在意的。对一个人来说，让他意识到自我简直是一场灾难，最大的灾难还在于他已经丧失了自我。失去自我时总是无声无息，不会察觉，即便发生了，也好像什么事也没发生过。相反，其他的损失，如断了一只胳膊或一条腿，或者失去妻子这样的事，甚至就是弄丢了几分钱，都能很明显地引人关注。”

根据长期的临床观察，我意识到，绝望是一个经常被分析师忽略的问题，所以一直也没有稳妥的处理方法。我的一些同事看到患者的绝望后，有的视而不见，根本没把它当一回事；有的又不知所措，似乎是沾染了患者的绝望，对治疗颇感束手无策。分析师的这种态度对分析工作的影响非常大，几近于灾难。不管分析师在工作中表现得多努力，也不管分析师的医术有多高明，患者都会生出质疑，总有一种自己被分析师放弃的心理。这种情况不仅表现在分析治疗的过程中，在日常生活中也有类似情况。比如，有人总是怀疑同伴的潜力，又不能给出有建设性的帮助，那彼此怎么能成为好朋友呢？有时，分析师也会犯相反的错误，他们总认为患者需要鼓励，于是就一门心思地鼓励他，当然，给患者鼓励没有错，值得称赞，但仅仅有鼓励是不够的。患者面对分析师的鼓励，即便很感谢他们的好意，但仍然会很苦恼甚至会厌烦。因为在他的内心深处很清楚，分析师还是帮不上自己，光凭善意的鼓励根本解决不了问题。

为了帮助患者从绝望中走出来，分析师必须从上面那些描述中识别出绝望，并且明确患者绝望的程度。然后，还必须理解，他的绝望完全是由内心的冲突引起的。分析师要帮助患者认识到这一点，并且明明白白地告诉他，如果总是目前的状态，患者本身又自以为无法改变的话，那么他的神经症就真无法治愈了。契诃夫有一部喜剧叫《樱桃园》，那里有一幕场景正好形象地说明了这一问题：一个以经营樱桃园为生的家庭，他们马上面临破产。因为舍不得心爱的樱桃园，所以主人感到特别的伤心绝望。怎么办呢？这时，他的一位顾问提出了建议，那就是在庄园里盖一些出租房，这样或许就能打破窘境。但这家人因循守旧，不愿接受这样的建议，只是不停地伤心难过，甚至绝望地问，真的就没人能帮助他们了吗？在这个例子中，假如那位给出建议的顾问是一位分析师的话，就应该告诉他们："这确实是个很难起死回生的窘境，但并不等于毫无办法。而真正让你们绝望的是你们的绝望心态。如果你们愿意改变一下生活方式的话，就一定能走出困境。"

只要分析师具有解决问题的决心、信心和勇气，就能帮助患者改变自己，并彻底地从困境中解脱出来。在这个问题上，我与弗洛伊德的观点有明显的分歧。不论是对人类未来的态度，还是对分析疗法的态度，弗洛伊德的心理学和哲学，本质上都是悲观的，这一点表现得很清楚。以悲观主义的理论作为基础，必然会导致失望。弗洛伊德认为，人类在本能的驱使下，至多只能靠"升华"来调整自己；人满足私欲的"本我"，必然会在现实中处处碰壁；他的"自我"在本能与"超我"之间被来回挤压，痛苦不堪，"超我"的主要功能是压抑和破坏，而"自我"只能两头受气，被迫接受修正，所以根本没有什么真正的理想；患者所谓自我实现的愿望，就是一种自恋；人生来就有破坏欲；在"死亡本能"的作用下，人要么毁灭他人，要么自己承受痛苦，别无选择。弗洛伊德的这些观点，大大地限制了他所发明的那些极具潜在价值的治疗方法。因为他所有的这些观点，都否认了一个可能的事实，那就是积极的态度可以给人带来改变。在这一点上我与他正相反，我深信，神经症里的强迫性并非与生俱来，都是因为人际关系失调导致的。我更相信，随着人际关系的改善，这些倾向也必然会改变，由矛盾倾向带来的冲突也是可以彻底消除的。我也不敢说我的这些分析方法没有局限性，但我有充分的理由相信，只要我们愿意做大量的工作，清晰地界定这些局限性，那么，根本性的改变是完全有可能的。

为什么说识别和解决患者的绝望感非常重要呢？首先，这种方式在处理抑郁、自杀等特殊问题时，可以发挥极大的作用。对于抑郁症患者，不要去触碰他的一般性的绝望，必须先把那些正在折磨他的冲突找出来。当然，绝望是抑郁的深层来源，所以要彻底治愈抑郁，还要深挖这种绝望，这是一个必需的过程。如果不这样，对于那些隐藏很深的慢性抑郁就无法治愈了。对自杀倾向的处理也一样。我们知道很多因素，如挑战、报复、绝望等，都能令人产生自杀的冲动。我们要注意的是，不要等这些冲动有了明显迹象的时候再去防范，那样就为时已晚。如果分析师能对患者身上那些微的绝望引起重视，并选择适当时机与之交流，对这些症状进行讨论分析，那么，一定能有效地避免自杀事件的发生。

另外，严重的神经症之所以难以治愈，正是因为患者内心的绝望在作祟，这具有广泛的思考价值。在弗洛伊德理论中，把一切阻碍患者病情好转的东西，都称作“阻抗”，但把绝望归于此类还是不妥。阻抗在这里不是动词，应该是一个集合名词，它指的是患者内心不愿改变现状的所有因素，即阻力。我们在分析的过程中，一定要清楚阻抗与促进这两种力量，也就是阻力与动力是我们必须要研究的。动力是一种发自内心的积极力量，它能帮助患者克服阻力，获得内心的自由。内心重获自由，患者才会更具活力。同时，在动力克服阻力的过程中，分析师才能更深入地了解患者。动力是内心一股无比强大的力量，它可以让患者承担成熟过程中所必需的苦痛；动力给患者冒险的勇气，让他敢于放弃曾经给他安全感的态度，并且愿意用新的态度对待自己或他人。当然，这个过程必须要患者独立去完成，不能靠着分析师推动完成。实际上，患者内心的这种宝贵的力量又被他的绝望感深深禁锢。所以，作为一名分析师，如果没能识别出这种力量，并且给予合理的引导，那么，就相当于在与神经症的战斗中，非常遗憾地丧失了一位非常好的盟友。

解释不等于解决，尤其患者的绝望不是一个简单的解释就能解决的问题。如果患者不再信命，如果患者不再认为什么都无法改变，如果患者真的相信绝望是一个可以最终解决的问题，那么就意味着我们的工作取得了实质性的进步，因为这也足以说明，我们还可以继续前进。当然，这个过程不会一帆风顺，如患者在治疗伊始，发现有了点小进展，他就会变得乐观甚至是过度乐观，但随着问题的严重、束缚的加深，他会再次陷入绝望。尽管这样的过程一次又一次，患者都需要重新面对，但绝望对患者的影响会越来越弱，因为患者也意识到他真的可以改变。这样，他的动力也随之加强。在分析之初，这种动力可能还局限在一个个小愿望上，如能摆脱不安这种症状就行，但当他对自身所受冲突的认识加深，并清晰地享受到自由和快乐时，这种动力就会越来越强。

第十二章　施虐倾向

神经症患者陷入绝望之后，他会进行各种各样的尝试，以便支撑自己生活下去。在他的创造力还没有被摧毁殆尽之前，他会把精力投入能给他带来成就感的事情上，让那种成就感来应对生活的残忍。或许他会参加一些宗教活动或社交活动，或许他会积极地投入某些团体活动中。即便哪一项他都不会投入太多的热情，但也不会给工作带来什么坏的影响，所以，他这样的投入还是有一定价值的。

还有一些人会去适应某种特定的生活方式，他不思进取，既不打破这种模式，又没有什么过高的奢求，近于麻木地完成了自己的义务。约翰·马昆德在《时间太少》这本小说中对这种生活方式有过描述。埃利希·弗洛姆也提到过，但他将这种状态与神经症做了区分，并将其描述为“缺失”状态。我呢？我的观点是神经症造就了这种单调的生活。

除此之外，还有部分患者会选择将自己边缘化，他们可能会放弃自己的人生抱负，放弃一切生命中的大事，将自己撤到生活的边缘地带，从中体会少得可怜的一点乐趣；他们也可能在某种爱好或偶尔的趣事中寻找快乐，如吃饭、喝酒，甚至是风流成性的生活；他们也可能随波逐流，自甘堕落，最后一点点陷入崩溃的深渊中。他们无法安稳地生活，所以才追求短暂的快乐。查尔斯·杰克逊有本书叫《失去的周末》，书中描述的嗜酒如命，正是在这种状态下表现出来的晚期病症。从这一点上看，或许我们也可以猜测，如肺结核或者是癌症这类的慢性疾病，会不会是这种无意识的精神坍塌，给患者生理上埋下的祸根呢?

最后，绝望还会导致患者的破坏欲一点点地增强。同时，为了在心理上获得补偿，他才会伪装成一切如常的生活，却无意识地去虐待别人。在我看来，这就是施虐倾向的心理机制。

在弗洛伊德看来，施虐倾向是出自于人的本能。患者在日常生活中所表现出来的施虐倾向，分析师即便没有忽略，但也没有给出严格的定义，一切自我否定或攻击他人的行为，都被分析师看作是施虐倾向这一本能的修正或升级。比如，争权夺利，弗洛伊德就认为是施虐倾向的一种升级表现。的确，追逐权力固然会加剧人的施虐倾向，但假如说患者把它看作是为了生存而做的竞争，那就与神经症没有关系了，毕竟很多人会认为生活就是很残酷的。在分析过程中，没有明确的界定，我们既不清楚施虐倾向的具体表现形式，也不知道怎样对施虐倾向做出判断。要判断哪些属于施虐倾向，哪些不属于施虐倾向，若只凭个人直觉的话，那会对分析观察很不利。

比如，我们就不能仅仅凭借“伤害别人”的行为，来判断他是否具有施虐倾向。当一个人陷入一场个人恩怨中，或者一场大范围的竞争中，他就有可能不得不伤害对手或者同伴。他之所以对别人怀有敌意，可能就是为了保护自己。一个人在受到惊吓或伤害的时候，往往是要进行反击的，尽管我们不提倡这种做法，因为可能太过激了，但从他的主观思维上他就认定这是理所应当又无可厚非的。当然，在这个问题上，我们很容易自我蒙蔽，大多数的“理所应当”很可能禁不住推敲，实际上就是施虐倾向在起作用。要准确无误地区分二者确实很有难度，因为这里面也不能排除正当防卫的可能性。还有，对抗型患者总是使用各种各样的方法攻击别人，他以为自己是在为了生存而奋斗，关于这种情况，我也不准备把它归到施虐倾向的范围内。因为，尽管受攻击的人确实受到了伤害，但伤害不是出自于患者这种行为的初衷，只是斗争的结果。说得简单点，这里患者的行为虽然也具有攻击性，也怀有敌意，但是，做出这种行为的患者并没有卑劣的用心，他不是为了从伤害中获得快意，其出发点不是为了满足自己的一种病态的需求。

与此相反，接下来，我们探讨一下常见的施虐态度。这种态度在那些不加掩饰地表现出施虐倾向的人身上很容易看到，尽管他们本人可能还没有意识到自己有施虐倾向。在下文中，当我提到“施虐狂”一词时，我指的是，经常对他人抱有施虐性态度的人。

这种类型的人对奴役别人有着强烈的需求，特别是对自己伴侣的奴役表现得很明显，就像自己是主人，对方是自己的奴隶一样。通常，他会选一个没有理想、思想麻木又比较被动的人做自己的奴役对象，因为这样的人一般不会有什么要求，比较容易掌控。患者的施虐倾向会表现为，完全按照自己的意愿塑造和调教受虐者的人格，如小说中的希金斯，他对伊莉莎的塑造就体现了一种虐待倾向。其实，这种塑造在某些方面也具有一定的正面作用，如父母对孩子的教育，老师对学生的教育。还有，如果施虐者比对方更成熟，可能在性关系中也存在正面作用。甚至有时候，在同性恋中，我们还发现了它对双方关系所起到的积极作用，不过，这种同性恋也多是一方年龄较大，一方年龄较小。即便有些积极作用，但是因为这种塑造本质上是虐待，所以其丑陋的行径终究会凸显出来。比如，被奴役者有一天忽然发现了自己的兴趣，或者开始交朋友，或者想摆脱对方而自由成长时，施虐者就会露出穷凶极恶的面目。他可能会由嫉妒生出强烈的占有欲。这种嫉妒折磨着他，同时，他也会反过来折磨自己的“奴隶”。施虐者会认为自己就是主人，甚至他把对自己“奴隶”的控制看得比什么都重要，他宁肯荒废了工作，宁肯丢掉其他所有的社交，即便这种社交能给自己带来快乐，他也不允许受虐方脱离自己的掌控。

施虐者对伴侣的奴役方式有几种，它们既相近又具有鲜明的特点，这是由双方的性格结构决定的。通常，施虐者会努力维持他们之间的关系，并且给对方一定的恩惠，这样就会让她觉得这种关系有必要继续下去。他会尽可能地满足对方的一些要求，证明自己确实对她好，当然，这些都是最低标准的精神需求。尽管他给对方的不过是小恩小惠，但他也会说，除他之外，不会再有人像他一样对她这般好，理解她又支持她，在生活上及性生活上都能给她带来快乐与满足，甚至还能包容她的缺点，他会说“除了我，没人能忍受你”。为了不让他的伴侣离开他，他会用美丽的前景构想来诱惑，如明示或暗示自己会娶她，会与她结婚生子，会与她白头到老，会给她幸福和无忧无虑的生活等。有时他也会海誓山盟地表明自己离不开她，以博取她的欢心。这种虐待狂还会通过占有或贬低对方将对方孤立起来，以便自己实施各种策略。假如对方对他非常依赖的话，他还会用分手来威胁对方，使对方更加地顺从他。除此之外，虐待狂威胁对方的手段还有很多，不胜枚举又各有特点，在后面我们还会分别讨论。也许，很多时候我们会无法理解虐待狂的伴侣，为什么非得和他维持这种受虐待的关系呢？其实，这也是受虐者的性格决定的。也就是说，受虐者一般都是具有顺从型倾向的人，可能她害怕被抛弃，可能她的内心压抑了施虐倾向而变得很绝望，关于这一点，在后面我们也会进行讨论。

这种关系导致双方互相依赖，同时又彼此抱怨，受虐者会逐渐憎恨施虐者，而施虐者对受虐者也心怀不满，他们简直成了一对冤家对头。假如施虐者具有一定的疏离倾向，他还会不满于对方耗费了他大量的心思和精力。他没有意识到，这些缠缠绕绕的麻烦其实都是他自己造成的，反倒责怪是伴侣过于依赖他。在这种情况下，他常常会说他要离开，其实这种说法，一方面表明他内心的不满，内心的恐惧，而另一方面却是威胁恐吓对方的一种手段，以更好地控制她。

并非所有的虐待狂都渴望奴役他人，相反地，另一种虐待狂喜欢玩弄对方的感情，就好像乐师喜欢玩弄乐器一样，他们好从中获得快感。索伦·克尔恺郭尔在《引诱者日记》这本小说中，就描述了这样的一个人，我们来看他是如何沉迷于这个感情游戏中的：其实，他对自己的生活早没了热情，但他在这场游戏中，却很清楚地知道什么时候表现出热情，什么时候表现出冷漠。他很善于观察女性，以便相当精准地预知她们的反应，他也很懂得，什么时候应该激起她们的情欲，什么时候应该抑制她们的情欲。当然，他不会去管这样做会给她们造成什么影响，只会自私地关心自己是否玩得尽兴。在索伦·克尔恺郭尔的这本小说中，我们能够看到，那人诸多的阴谋诡计，其实还都是无意识的。他所有的阴谋手段都关乎以下共同点，就是抬高与贬低、吸引与拒绝、诱惑与失望，既给人带来快乐，也给人带来痛苦。

施虐狂是自私的，他不仅以虐待对方为目的，其实他还具备另一个特点，就是利用对方以便从中获得好处。当然，这种好处其实不过是镜花水月般的幻觉，与他的付出根本不成正比，但是，在虐待狂看来，利用行为本身就充满刺激，重要的是，这种行为能给他带来另一种快感，那仿佛是自己占了很大的便宜一样，会令他兴奋不已。施虐者在利用他人的时候很有些手段，他不但能令受虐者完全处于被支配的地位，还会不断地向受虐者提出新的要求，更厉害的是，如果对方不能满足他，他还能想法设法地令对方感到内疚或者羞愧。或者说，施虐者很会找到自己受了对方不公平待遇的理由，从此，理所当然地向对方提出更多的要求。正是因为有这么多理由证明自己受了不公平待遇，所以即使自己获得了满足，施虐者也不必向受虐者表示感激。易卜生在他的戏剧《海达·高布乐》中，不仅对此进行了生动的描述，还让我们看到了虐待狂是如何一边伤害别人，一边满足自己的欲望的。施虐者的要求可能会涉及很多方面，如物质方面、性需求方面、求职方面的帮助，也可能要求受虐者把全部身心交给自己，对自己时刻关注并能无限忍耐等。所有这些要求在本质上没有什么区别，都是施虐者千方百计想出来的，目的就是用受虐者来填补他精神上的空虚。在海达·高布乐的身上也具备这样的特征，她总是抱怨生活太无聊，她的生活缺少激情，于是很想寻找刺激，这使她像吸血鬼一样，不断地从伴侣那儿吸取活力以滋养自己。这种渴求一般都是无意识的，可能就是想要利用他人和要求他人的根本原因。

虐待狂还有一种挫败他人的倾向，从这一点上，对其利用他人的本质，我们看得更清楚了。如果你认为施虐狂只是一味地向对方索取，不愿给予的话，那就错了，其实，吝啬不是他的特征，在某些情况下，他甚至会表现得非常慷慨。挫败他人是施虐者心中无意识的一种冲动，他总是想打败对方，让他们失去快乐，变得灰心失望。一旦他看见对方表现出喜悦或者满足，他会非常生气，于是他就想方设法地挫败她，或者破坏她的快乐。比如，如果伴侣想要见他，他会故意表现出冷漠；如果伴侣想和他亲热，他会表现出没有兴趣或者阳痿；任何有意义的事他都不愿去做或就是随口说说；他总表现为很压抑，以至于让周围所有人都不轻松。英国作家奥尔德斯·赫胥黎有一段话说："他不需要做任何事情，他只要做自己就好了。他枯萎的状态充溢在身体的每一个角落，就像流淌的墨汁。"他还说："这是一种修饰得多么精美的权力欲望，这是多么优雅的野蛮，这是怎样的一种旷世奇才！这种忧郁有如此严重的感染力，哪怕最高的兴致都一样被窒息，快乐统统被强行扼杀。”

除了上述特点之外，虐待狂还有一种贬低和羞辱他人的倾向，这种倾向和其他倾向在本质上是一样的。虐待狂非常喜欢去发现别人的缺点或弱点，这不但是他的一大乐趣，而且就好像与生俱来的癖好，他对这些非常敏感，通过敏锐的直觉就能找出别人的薄弱环节，然后无情地进行诋毁和羞辱。他可能会为自己的这种行为进行合理化的修饰，美其名曰诚恳，目的是帮助别人。在他看来，自己因为怀疑别人的能力和品性才这样做的，但如果有人质问，真的是因为不放心吗？他的回答就会闪烁其词，表现出明显的恐慌。我们说，患者的这种倾向也会表现为对他人的不信任，他也许会自问：“假若我真的相信那个家伙就好了！”而事实上，他的担心是因为从心里就看不起对方，比如，做梦时他都会梦到，对方变成了老鼠、蟑螂之类恶心的东西，这样地蔑视对方，他的心里当然也充满了对其的担心和怀疑。虐待狂能感觉到这些，但他感觉不到的是，这种不信任源于他对别人的蔑视。换句话说，这不仅是一种施虐倾向，更是他喜欢盯着别人的短处看的一种怪癖。他不但时刻盯着别人的缺点，还会通过外化作用，把自己的责任转移到别人身上，去怪罪别人。比如，当他自己的行为令人感到不安时，他会表现出很关心，但同时又非常鄙视对方的不安情绪。如果对方没有将想法和盘托出的时候，他会认为别人很保守，或者认为人家有见不得光的秘密，他会责怪对方过于依赖他。他不会想到，正是自己的行为才把对方变成这个样子的。虐待狂这种暗损不仅表现在语言方面，还会伴随着各种蔑视行为，如有辱人格的性行为等。如果虐待狂的这些蔑视倾向没有得到满足，或者反过来受辱时，他就会觉得自己受了别人的利用、侮辱或者控制，这是他不能容忍的，他会变得异常愤怒，这时他的心里就会产生一种虐待倾向，殴打、踢踹，哪怕杀死对方他都觉得不解气。当然，他也可能不这样做，而他强行压制自己的疯狂冲动的后果就是，内心的焦虑会陷他于极度恐慌的深渊，不但精神上面临崩溃，就连他的身体也可能受到影响，从而引发其某种功能障碍的疾病。

那么，施虐倾向的患者到底出于什么样的迫切需求，才会表现得如此残忍呢？也就是说，施虐倾向的作用是什么？首先，我不支持“虐待狂都是性变态”这一假设。当然，性行为中确实可以表现出施虐倾向，但不是说只有施虐倾向一种，大部分的病态倾向，同样都会在性行为中有所表现，就跟表现在工作、说话、走路姿势或书写笔迹上是一样的。其次，在施虐的过程中，的确会伴有一种兴奋，就像我多次提到的，甚至是一种极度的亢奋。但也不要仅凭这些，就认定这些兴奋或者激情都属于性欲，这就如同说“所有的兴奋都是性欲”一样，是不成立的，也找不到任何证据来佐证这一观点。从现象学的角度来分析，性兴奋和虐待狂的兴奋，二者在本质上就是完全不同的感觉。

有这样一个说法颇具吸引力，说虐待冲动是幼年时期虐待倾向的延续。为什么这么说呢？理由是，经常看到有的幼儿很残忍地对待小动物，还有的幼儿更乐于欺负比自己小的孩子，从这些现象上，有的人得出结论，即某些人的虐待冲动是从幼年时期的残忍本性发展来的。可事实并非如此，他们看到的还是表面现象，而成年人的虐待倾向表现出来的特征，与孩子们简单的残忍是完全不同的。孩子们表现出的残忍就是简单的应激反应，一般都是感觉压抑或受了委屈，就想对更弱小的对象进行报复，一来满足自己的心理需求，二来也是对自己进行了肯定。而成年人的虐待倾向与之相比，不仅性质复杂，根源也错综复杂。所以，上面很有吸引力的断言貌似有些道理，但实际上，所有成年人反常举动都用童年阴影来解释，一样不成立。如此，有一个问题我们不能再回避：究竟是什么让幼年的残忍一直延续，并且还不断发展呢？

上面两个论调，一个是关于性欲的，另一个是关于残忍的，都只是一孔之见，看到的不过是虐待狂的某一方面，也都没有根据现象本身做出合理的解释。埃利希·弗洛姆对此持有一个观点，可能与别人相比还更靠近真相一些，他认为：虐待狂没有独立生活的能力，就是利用受虐者构建一种生活，所以他不想真的摧毁有依赖关系的伴侣，只不过是想建立一种共生关系。其实，埃利希·弗洛姆的解释也存在缺陷，他没有解释清楚的是，为什么施虐狂非要干预别人的生活呢？另外，他们为什么会采取那些特定的方式来进行干预呢？

当我们把虐待狂视为一种神经症症状时，我们不应该把解决症状作为出发点，而应该努力去了解产生这种症状的人格结构。站在这个角度，我们就能清晰地看到，那些认为自己生活毫无意义的人，才会表现出这种明显的施虐倾向。早在我们应用临床检测发现病症之前，人们就已经感觉到潜藏于病症之后的状况。在海达·高布乐及其引诱者身上，让生活充满意义几乎是不可能的，更不用说成就一番事业了。在这种情况下，一个人如果不能找到妥协之路以继续容忍，那么他所能做的就只有憎恨了。他会觉得自己总是被别人排挤，又总是打败仗。

于是，他开始憎恨生活，憎恨生活中所有积极的东西。这种憎恨来源于他所求不得的欲望，简直就像点燃了熊熊的妒忌之火，他认为是生活抛弃了他，所以心中充满了失落与愤怒。尼采把这种状态称为“Lebensneid”，意思是“生活在嫉妒之中”。这类人他看不到的是，其实生活中都是各有各的不幸。他看到的是，如自己正忍饥挨饿，而别人围着餐桌正吃着大鱼大肉；他看到的是，自己毫无追求，而别人都在享受着健康、闲适、爱情、创作，并且都有很好的归宿，等等。他对别人的这一切都非常嫉妒，憎恨他们的快乐和幸福。他认为自己感受不到幸福，感受不到快乐，凭什么他们就能够拥有？借用陀思妥耶夫斯基的小说《白痴》中的一句话，那就是他无法原谅别人的幸福，他必须要把这种幸福踩在脚下。就像小说中那位患有肺病的老师，他向学生的面包上吐口水，不但没有羞耻感，反而因为欺负了别人而沾沾自喜，这就是一种对别人怀恨在心的嫉妒行为，并且是有意而为的。在施虐狂患者的身上，他打击别人和挫败别人兴致的倾向都是无意识的，但他的目的与那位老师一样，都是将自己的痛苦强加到别人身上，这是一种十分卑劣的行径。在他的心里，不去想为什么自己会这样，不在自身找原因、找办法，他反而会自私地想，如果别人也和自己一样失败和堕落才好呢，那样他的心情就会因此轻松很多，他会幸灾乐祸地觉得，起码有人给自己做伴了。

这种嫉妒及随之而来的痛苦，对他来说刻骨铭心，当然要想方设法缓解，这种缓解方法被称为“酸葡萄策略”。我们能够看到，患者嫉妒心虽然如此之强，但一般都是深藏于内心的，以至于他自己无法察觉，当在别人的身上看到这样的嫉妒心时，他还会反过来很鄙视地进行嘲讽。因为他总是关注生活中痛苦、沉重或丑陋的一面，所以他才承受痛苦，充满怨恨。同时，这也是他向自己证明，他的眼睛雪亮，能够把生活中的细微之处都看在眼里。这种心态让他时刻想挑别人的缺点，时刻想贬损他人。比如，他遇见一位美女的时候，尽管人家一身光鲜，他也会拼命地寻找对方身上的缺陷。又如，他进入一栋大房子，无论这房子装潢得如何奢华，他也会努力搜索，然后将目光停留在某一颜色或某一家具上，他能指出这一颜色与整体色彩不搭配，这一家具与整体格局不协调。再如，哪怕是一场非常出色的演讲，他也能找出其中的不足。不仅如此，别人在生活中的一点差错、性格缺陷或一些不轨动机等，他都会非常关注。患者把所有注意力集中在别人的缺陷或负面的事情上，对其他方面视而不见，患者对自己的这种倾向从来不认为有什么不对，反而还会强词夺理地进行辩解，说成只是对不完美事物的过分敏感。

通过这种策略，患者的嫉妒，以及憎恨情绪都会得到一定的释放和缓解。然而，他总是贬损别人的心态，又产生了一种不间断的失望与不满情绪。比如，他没有孩子，他会觉得自己的人生不够圆满；如果他有孩子，又会担心责任重大，负担很重。如果他没有性关系，他会觉得自己被剥夺了什么，担心自己会受到性压抑的损害；如果他有了性关系，又会觉得自己这样做似乎很可耻。如果有机会旅游，他会因为有很多不方便而生出烦恼；如果出不去只能待在家里的时候，他又会觉得这足不出户的日子很没有面子。在他的心里，总觉得是别人辜负了自己，令自己很失望，所以自己有理由向别人提出要求，但他没有意识到的是，这些恰恰是自己长期不满的情绪所导致的。所以，即便别人随时满足他的一些要求，他依然也不会满足，他的欲求会永无止境。心里充满了嫉妒、贬损他人，还有由此而生出的不满情绪，都在一定程度上解释了施虐倾向。因此我们也就明白了，为什么施虐狂总是去挫败他人，给人带去痛苦，挑别人的毛病，以及不断向他人提出要求以便满足自己。当我们了解了绝望给患者带来的影响后，就更能明白施虐狂的施虐倾向所造成的破坏程度，包括消极待物、否定他人、盛气凌人及自以为是等。这些都是绝望引发的结果。

虽然连人类美德的最基本要求都没有达到，但在施虐狂的心里，依然存在一个自以为很美好的理想化意象。我们之前讨论过这类人，他因为无法实现自己的理想化意象而变得灰心绝望，于是有意识地或无意识地自暴自弃，同时沉溺在虐待他人给他带来的快感中。而他这样做的后果，就是使理想化意象与真实自我之间的差距变得越来越大，以至于无法弥补。他觉得自己已经无可救药，也无法得到别人的原谅。伴着这种绝望的日益加深，他也变得越发残忍，反正自己已经变得一无所有了，也就不再考虑一切后果，变得肆无忌惮。我们说，只要患者在这种状态中持续下去，他就不可能建立起有积极意义的态度。所以这时候分析师采取任何想要他变得积极向上的尝试，都必然会失败，说明对患者的实际状况缺乏足够的认识，没做到对症下药。

其实，在虐待狂心里也存在一种自我厌恶，这种感觉甚至发展到自己都不敢正视自己，同时为了自己不被伤害，他就会不断地加固自己的伪装。别人对他的一句批评、一点忽视，或者没有对他特别关注等，都会引起他的自卑感，他认为这些都是对自己的不公平待遇，他无法接受。同时，他把这些转嫁到别人身上，将矛头对准别人，以此作为自我保护的一种方式。但其实这样做根本没有用，在这个过程中，只能加重自卑，换来更深的绝望。就像之前我们举过的那个例子，那位女患者指责她的丈夫优柔寡断，但后来，当她意识到是自己左右摇摆的时候，她就彻底崩溃了，愤怒得想把自己撕成碎片。

从这个角度出发，我们应该可以理解，为什么有虐待倾向的人会不断地贬损或改造他人，因为在他的心里有一条逻辑，疯狂地强迫自己要改变他人，至少要改变他的同伴，这条逻辑就是：自己达不到理想化意象要求，所以希望自己的同伴可以达到。当同伴也无法达到时，他就会非常生气，并将自己的愤怒无情地发泄到同伴身上。对这种做法，有时他也可能会问自己："我为什么非要管他呢？为什么不能由他自己去决定呢？"其实，这样理性的想法，患者不过是想想罢了，不会真的付诸行动，因为他内心的冲突还在，并且还一直持续地被外化着。通常情况下，患者会为自己的做法找一个合理的借口，说成是因为"爱"，或者说成是为了同伴的“成长”，当然我们知道，这不是爱，也不是真的尊重同伴的本性，而有利于对方的成长。实际上，就是患者自己的理想化意象实现不了，出于自卑心理，打着“一切为你好”的招牌，强行去改变别人。这样做的时候，他还觉得自己很有理，还会表现出很自以为是的样子。

表现患者内心挣扎的这些情况，有助于我们更深刻地认识施虐倾向的另一个显著特征，就是患者的报复心，它就像毒药一样渗进患者的每一个细胞中。为了把强烈的自卑感从内心世界里赶出去，他必须实施报复。因为他的自以为是，他会认为所有事情与自己无关，错都在别人身上，自己是受害方。还因为，他意识不到所有的绝望也是出于自己的内心，所以他认定是别人毁了他的生活，别人必须承担责任，自己必须得到补偿，那么，他人承担责任是理所应当的。所以，在他实施报复的时候，他的内心也就不会出现什么宽容和同情了，他甚至会宽慰自己：我为什么要同情毁了我生活的人呢？是他们把我变成这样，而他们过得比我好。患者对于他人的这种报复心理也因人而异，其实时常是有意识的，如面对自己的父母时，他就会这样想。但是，患者并不知道，这种报复是根植于内心的一种病态的性格倾向。

根据这些了解，我们认为施虐者应该是这样的人：他觉得自己被别人排斥，无法摆脱失败的命运，所以干脆胡作非为，将自己心中的愤怒盲目地发泄到别人身上。我们已经知道，患者是为了缓解自己的痛苦，所以把它强行施加于别人身上的，但仅凭这一点，还不能完全解释他的施虐行为，也就是说，只有破坏倾向不能解释虐待狂那种狂热的追求，对某些虐待狂而言，一定还有极其重要的好处，才会令他迫切做出施虐行为。说到这，可能有人会说这似乎和之前的理论有违背的地方，我们做过“虐待行为是绝望的产物”这样的假设，那么一个绝望的人，怎么还会抱有希望，怀有追求呢？并且还是以如此狂热的方式？但从主观意识出发，患者确实认为这样做能令他得到许多好处。比如，通过贬损他人，不但平复了令自己无法忍受的自卑，而且还给了他一种优越感；当他插手别人生活的时候，他不但获得了操纵别人的满足感，还在这样替代的生活中，找到了生活的意义；当他在情感生活中利用了他人时，他还利用别人的感情补偿了自己生活上的无聊，让他觉得人生不再空虚；当他挫败别人的时候，他获得了一种胜利的喜悦，这掩盖了他曾经的绝望与失败。所以我们说通过施虐，患者收获了一种快感，这种对胜利的渴望也许就是他行为的最强驱动力。

同样的道理，他所有的追求，都是为了寻找兴奋和激情以满足自己。而对于一个心理健康、人格健全的正常人，是不需要这种刺激的。我们清晰地看到，越是成熟稳重的人，就越不会在意这些。而有虐待倾向的患者，在他们的内心里除了愤怒，除了那些挫败他人的好胜心之外，几乎是一无所有了，因为其他的感觉都被压制了。所以，为了摆脱这种空虚，为了肯定自己的价值，为了确认自己还活着，他就需要这种猛烈的刺痛感。

还有一点也很重要，这时患者与别人保持的基本上只有这种虐待关系，而在施虐的过程中，他会体验到一种力量，感觉到自己很强大，这种感觉更加强化了他内心那种无意识的无所不能。患者在接受分析治疗的过程中，一般都会经历几次明显的态度转变。最初，当他意识到自己的虐待倾向时，他可能会进行自我批评，对这一倾向予以排斥，但是，他的排斥不可能是真心实意的，或许就是口头上承认一下社会普遍标准而已。之后，他或许会在短时期内开始厌恶自己，可慢慢地，当他真的想放弃虐待他人这种生活时，他忽然又觉得自己似乎要失去某件重要的东西一样，有一种空落落的感觉，所以又很舍不得。那么，这时他又有了这样一种感觉，那就是原来对他人施虐会令自己很快乐。甚至他对分析治疗生出一种担忧，害怕分析治疗只会证明自己是一个卑微的弱者。患者的这种担忧很常见，也并非全无道理，他担心的就是在分析的过程中，被剥夺一种利用他人以满足自己需求的能力，那么当他失去这种能力后，他真的就会陷入绝望，他会觉得自己真的就无药可救了。当然，在这种情况下，他也会很快意识到，施虐行为带给自己的力量感和强大感真的只是一个“赝品”。但遗憾的是，即便患者有了这样的认识，由于他认定自己无法获得真正的力量，无法赢回自尊，所以就算是一个赝品，他也会拿来当作一件“宝贝”，不愿舍弃。

现在，我们能看清楚患者所追求的那些好处的真面目了。所以，我们说绝望的人也会狂热地追求某一目标，这与之前的论断并不矛盾。因为患者不排斥这个赝品，他希望获得的也不是真正的自由或真正的自我实现。而那些构成他绝望的因素还在那里，依然纹丝不动地就在那里，他也不期望自己真的能改变什么。

施虐狂的生活充满了攻击性和破坏性，他以这种方式收获的感情也注定是个赝品。但他又能怎样呢，他认为自己已经一无所有了，只能从别人身上索取，这种不顾一切的追求也正是他绝望的表现。同时，对于一个彻底的失败者而言，这也是他唯一所能采取的手段。其实，就这一点来说，施虐狂的追求也算有一定的积极意义，是他在绝望中向一个积极目标的迈进，是一种求得补偿的努力尝试。他这样疯狂地追求目标，是因为他在挫败他人的过程中，会暂时地忘记自己的失败和绝望。

在他努力尝试的过程中，伴随着强烈的攻击性和破坏性，患者必然受到了消极方面的影响，这种影响主要表现在两个方面，就是自卑和焦虑。在前面我们已经讨论过，在绝望的追求中，患者这种日益加重的自卑。而另外一个同样重要的影响就是引发了患者的焦虑。为什么会焦虑呢？因为他担心受虐方对自己进行报复，他会想：我对别人这样，难免别人不会对我这样。所以，他会让自己时刻处于进攻状态，他认为自己不这样做，很可能让人钻了空子，自己就会落人下风。只有自己提高警惕，才能不受伤害，这样他就会焦虑地盯住对方。另外，在他的潜意识中，他确信自己不可侵犯，这是一种高傲的安全感。他认为自己没有弱点，永远不会受伤害，也不会发生什么意外事故或者生病，甚至于他还会认为自己也不会死亡。但这一切终归是他的想象，在现实中，当他再次受到伤害的时候，也不管这种伤害是人为的或者是意外的，他都无法接受，他曾经的虚假安全感会马上破碎。这时，他可能就会因此引发焦虑，陷入极度的恐慌中。

在某种程度上，患者之所以焦虑，是因为他对潜藏于内心的破坏性的一种恐惧，他觉得那些因素很不稳定，就像是自己随身携带着一枚装满火药的炸弹，需要高度警惕，严格自控，否则就会有危险发生。比如，自己在酒醉的时候，那些危险因素就开始躁动，在酒精的作用下很可能会引爆炸弹，破坏欲不受控制，他会干出很多极具破坏力的事情。另外，在特殊的情况下，如患者遇到诱惑的时候，炸弹也可能被引爆，也会让他的破坏欲一发不可收拾。左拉在小说《衣冠禽兽》中，就描写了这样一个施虐狂：他深深地爱上了一个女孩，随着爱意的加深，他甚至产生了极度的恐慌，因为失控的破坏欲，竟然激起他想要杀死这个女孩的冲动。还有，有些患者在目击一场意外或一些残忍的行为时，也会产生恐慌，因为这些场景可能唤起了他内心中的毁灭冲动。

在很大程度上，是患者的施虐倾向被压抑，才导致了自卑和焦虑的产生。无论压抑的程度是轻还是重，患者都意识不到，也就是说，患者对他的施虐倾向一直一无所知，这一点确实令人惊讶。虽然，他偶尔也能感应到自己有欺负弱小的渴望，当他看见别人的施虐行为时，当他幻想自己在施虐的情景时，他都会产生兴奋的情绪，但所有这些零散的意识，他从来没有把它们联系起来。在日常生活中，他对别人所做的事，大多是没有意识的。所以，他对自己和他人的这种麻木感，就将问题给遮掩起来了，自然不容易被发现。这种麻木状态不消除，他做什么事都是模糊的，根本意识不到自己做了什么。另外，患者还会为自己的施虐倾向找借口，那些充足的理由，既可以骗过自己，也可以骗过那些被他影响的人。我们必须记住一点：施虐狂已经是严重神经症的晚期阶段。那么，神经症患者具体寻找什么样的理由来隐藏他的施虐倾向呢？这应该取决于他特定的神经症结构。

顺从型患者一般都是在无意识中将自己的奴役当作爱，当然这是一种虚假的爱。在他的心里，自己如此绝望、恐惧甚至已经病得很严重了，所以得到伴侣的照顾是理所应当的，他的一切愿望都希望伴侣能帮助完成。因为他无法忍受孤独，所以伴侣就应该陪在他的左右。他总是无意识地表明别人让自己受了很多苦，这种方式就相当于间接地在责怪他人。

对抗型患者对施虐倾向的表达上虽然也是无意识的，但与顺从型患者相比，就要直白得多。他将自己的需求、不满和蔑视统统倒豆子一样抖出来，他不觉得这样做有什么不对，反而还觉得自己很坦诚。他也会承认自己忽视了别人，利用了别人，但他很会把责任外化，他想方设法地把自己的行为合理化，或者干脆说是自己就是受到了他人的虐待。

远离型患者在表现施虐倾向时，一般不会很明显。他基本都是以很安静的姿态挫败对方，以随时可能离开的方式威胁他人，同时给人一副被打扰或者被束缚的印象。这类人通常以令人出丑赢得自己的快乐。

患者的虐待冲动可能会被压抑得很深，那就令患者转变成所谓的“倒错施虐狂”。那是因为，患者对自己的冲动非常恐惧，于是，他尽量不让这些倾向暴露出来，他开始严格自控，不管是对自己还是对别人，他都会极力遮掩。这时，他会躲避一切类似于自我肯定、攻击或仇视之类的东西。因此，他便陷入更深、更广泛的压抑中，无法自拔。

在这里，我们可以用一个简短的概述来说明一下这个进程，以及它带来的后果。比如，患者隐藏自己的倾向，严格自控，虽然避免自己奴役他人，但也给他带来极坏的后果，可能连对他人提出要求的机会都会失去，要说对某事负责或领导别人，就更做不到了。这时，他说话或做事都会分外小心，通常人怀有一些妒忌心是很正常的，但患者谨慎到连这点正常的妒忌心也强行压制下去。只要细心观察，我们就能发现，这类患者在事情不如意的时候，就连生理上都会表现出头痛、胃痛或其他不舒服的症状。

如果为了避免利用他人，患者一味地退守自我，严格自控，可能自我就会丧失，从而导致更深的自卑。他可能不敢表达任何愿望，甚至都不敢有任何愿望；不敢反抗虐待，甚至都不敢觉得自己是受了虐待；宁可被人利用，也不敢争取自身的利益；甚至认为别人的期望或要求都比自己的更合理、更重要。这样，他总是进退两难。既害怕自己产生利用别人的冲动，又鄙视自己不敢利用别人，太懦弱。当他自己被人利用的时候，他更不知道如何解决，然后就变得更加抑郁，或者就连自己的身体功能也出现紊乱。

同样地，他不再去挫败他人，反而总是担心别人对自己不满，于是就表现出过分的体贴和慷慨以取悦他人；他会尽量不做伤害他人或羞辱他人的事；他会凭直觉说一些讨人欢心的话，如说赞美别人的一句话，或者能够使人受到鼓励的话；他会不由自主地把责任揽在自己身上，也会毫不犹豫地向人道歉；假如不得不批评别人的时候，他也会选择委婉的方式；即使是自己受了别人的虐待，他也会表示谅解。但是，由于他对所受的委屈十分敏感，所以，即便这样做了，他的内心也一定异常痛苦的。

当患者感情上的虐待倾向被深深压抑的时候，他就会觉得自己无法吸引任何人。他会真的相信自己对异性没有一点吸引力，就算有实际情况表明不是他想象的那样，他也会觉得自己低人一等。这种低人一等的感觉就是患者的自卑感，或者是自卑感的一种表现。也可以说，患者认为自己没有吸引力，也可能是他面临征服和对抗他人之类的刺激事件时，所采用的一种无意识的退缩。在分析治疗的过程中，有一点会变得逐渐清晰，那就是患者无意识地为自己设计了一幅恋爱图景，于是，一个很奇怪的变化产生了：曾经的“丑小鸭”终于意识到自己也有吸引别人的欲望和能力。但这些都在他虚幻的想象中，一旦对方把他的求爱当真，他就会轻视对方，然后带着愤怒拂袖而去。

由此出现的人格，我们看到它带有很大的欺骗性，很难进行分析判断。这种情形与顺从型人格有些相似，但事实上，那些明显可见的施虐狂通常属于对抗型，那些倒错施虐狂会从一开始就表现出顺从型倾向，这很可能是他在童年时遭受过重大打击，所以不得不被迫顺从，或许这样可以保护自己。于是，他把自己的真实感受隐藏起来，不但不去反抗，还转而去爱他。随着年龄的增长，或许在青春期前后，这种冲突终于令他无法忍受，所以，他又躲进孤独中，希望求得救赎。当然我们知道，孤独的象牙塔不会是他永久的避难所。当他面对失败的时候，他再次无法忍受孤独，这样他就恢复了之前的依赖，回到最初渴望别人亲近与喜爱的状态。但有一点与之前有所不同了，这时，为了摆脱孤独，他变得不顾一切，那份曾经的渴望变得更加强烈。但与此同时，对疏离的需求又在不断干扰他依赖的欲望，所以他获得情感归宿的机会也越来越少了。正是在这场冲突中挣扎，才把他弄得筋疲力尽，陷入绝望，并且产生了施虐倾向。但施虐倾向产生的同时，他内心依然渴求温情，所以，他又压抑了施虐倾向，采取退守自我、严格自控的方式，把它遮掩起来。

患者可能意识不到，在这样进退两难的境地，他与人的交往也变成一种负担，以至于经常表现为腼腆、拘谨、矫揉造作。他不断地扮演着与自己施虐倾向相反的角色，并且很投入，认为自己确实是很喜欢与人亲近的。所以，在分析治疗的过程中，当他认识到自己对他人的感情不是自己想的那样，或者当他知道其实自己对他人根本没有感情时，就会非常震惊。他也会努力尝试，放弃那些对他人有真感情的假象，但很快，他又觉得自己这种缺乏感情的状态已经很难改变。实际上，他这样的想法，无意识地放弃了自己的感受，对内心的施虐冲动已经全然不觉了。这是很大的一个麻烦，因为只有当他看到自己的冲动，并且尝试着去克服它的时候，他才能拥有真实的感情。

善于观察的人都能发现，这种情况里隐含着某种因素，证明了施虐倾向的存在。首先，患者经常用不易被人察觉的方式威胁、利用和挫败他人。这虽然出于一种无意识，但也让人很明显地看出是在轻视他人，在他的理念里，别人的道德标准比自己的要低；

其次，患者的表现前后不一致，也证明存在施虐倾向。比如，有时，对于别人严重的虐待他能容忍，而有时，就连一点点的轻视、利用或控制，他都会极为敏感；最后，患者表现出一种“受虐狂”的姿态，也就是说，他把自己完全浸入受害的深潭中，甚至沉迷于角色中不能自拔。这里，我用了“受虐狂”这个词，其实我们应该尽量避开使用这个词，因为这个词很容易混淆，并且它涉及的观点也容易给人误导，所以还是去描述其他与之相关的因素为好。身心受压抑的患者很难做出自我肯定，所以在很多场合下，他都会甘愿受伤害。由于自己的软弱，所以他经常被别人公然施虐的行为所吸引，一边很赞赏人家，一边又很痛恨厌恶，这种感觉和施虐者把自己当作受害者，同时反被他吸引是一样的。这样，他就把自己放在一个被利用、被挫败、受凌辱的位置上，当然他也不喜欢受虐待，因此内心深感痛苦。如果说这样的生活于他也有一点好处的话，那就是通过别人的施虐，给了他一个发泄自己施虐冲动，并且不用去面对自己施虐倾向的机会。于是，他便可以堂而皇之地对别人的虐待行为表示愤慨，以证明自己的无辜。当然，这只是表象，而在他的内心深处，他特别希望有一天能够对虐待者进行反击，并将他们彻底击败。

对我所描述的这些情况，弗洛伊德也注意到了。但遗憾的是，他盲目地将这些现象纳入他的整个哲学框架中，在没有什么根据的情况下，便把自己的发现公开，并应用到所有的人身上，还将之作为可靠的证据，这就消弱了他观点的可信度。他认为，这些现象说明，无论是多么优秀的一个人，在本质上都具有破坏性。

但我不这样认为，实际上，这种情况只在某种特定的神经症患者身上才会出现。

在本章开头一些观点中，我们发现，虐待狂不是被看作性欲倒错者，就是用术语被定义为卑鄙和恶毒的人，其实，这样的观点我们要用分析的眼光谨慎对待。相对来说，性欲倒错，即性变态很罕见，即便发现它的时候，也只把它看作是患者对他人态度的一种反应就好。当然，施虐者具有很严重的破坏倾向，这一点不可否认，但我们通过理解还要看到，在那非人性行为的背后，其实他不过是一个承受着痛苦的人。在我们的分析过程中，这种观点一定会对患者有一个积极的影响。我们要理解，患者是一个在绝望中苦苦挣扎的人，生活击败了他，他的所作所为也是为了求得补偿。

第三部分　神经症冲突的具体解决

神经症冲突对人格造成了极大的伤害，对这一点我们认识得越深，就越是迫切地想要真正解决这些冲突。但是，就我们现在的了解，无论是用理智的决定，还是靠逃避，或者是靠意志力都无法解决问题。那么，应该怎么办好呢？只有一种办法：想要解决冲突，就必须改变人格中造成这些冲突的条件。

当然，这种办法虽然最有效，但实行起来肯定会十分艰难。我们知道，要想改变一个人的内心，那是一件多么不容易的事，也正是因为这一点，人们才千方百计地寻找捷径。所以，患者和某些人经常会问："我看到了自己的基本冲突，是不是就能解决问题了？"答案很明确：不能。

即使心理分析师在分析过程的初期阶段，就已经看出患者处于哪一种分裂状态，也能帮助患者认识到这种分裂，但是，也不会立竿见影地解决问题。不过，认识到分裂总会对患者有利，可能在一定程度上能缓解病症，毕竟患者认识到令自己苦恼的具体原因，对自己神经症的治愈有了信心，不再像过去那样迷失，以至于找不到出路。但是，如何将这些应用到自己的生活中，患者并不知道怎么做，虽然他能感觉到内心的各种冲突，但他依旧处于分裂的状态，不知如何破解它。他从分析师那里获得关于自己的这些信息，听起来似乎很有道理，但他依旧感觉很陌生，就好像跟自己没有多少关系。其实，这种情况我们也能理解，毕竟在他的内心里有很多无意识的保留，旧的模式会抵消这种新的想法。他会无意识地坚信：分析师总会夸大他的矛盾冲突；如果不是外部因素的干扰，他可能什么问题也没有；如果爱情和事业成功，就会慢慢地消除他的痛苦；他自己可以通过不与他人接触来避免冲突的发生；虽然普通人没有能力做到同时遵循两个相反的原则，但他可以，他可以凭借意志力和他的智慧做到这一点。或者，患者可能还会认为分析师就是个大骗子，把问题说得那么严重，要么分析师就是个大傻瓜，要么自己已经无药可治了，他还在那里不停地唠叨。在上述这些情况中，分析师的任何建议，患者都是听不进去的，而他所能做的，就是表现得很绝望。

患者在思想上的这种固守，表明他可能不愿意放弃自己独有的解决冲突的方法，因为他的感觉是那些方法很真实；他也可能对自己的病情绝望，认为根本治不好了。针对这些，分析师要想解决患者的基本冲突，必须检验患者的这些解决方法，并对其可能导致的后果有充分的了解。

还有一个问题，一般它是在人们寻找捷径的时候想到的，因为受弗洛伊德遗传观点的影响，所以这一问题显得很是重要，那就是一旦人们意识到自己的内心冲突，并且追根溯源，将它与患者童年时期的一些表现联系起来，是不是问题就可以解决了呢？回答还是不能。理由和上面讲过的一样，即使患者认真地回忆一些童年时期的经历，但对解决冲突也没什么帮助，只不过让他能够对自己更宽容、更仁慈一些罢了。

不过，我们要说的是，早期环境的影响，以及这种影响对儿童人格的改变，虽然对分析没有什么直接的意义，但对研究神经症冲突的成因是很有帮助的。因为我们要是清楚，哪些环境因素对儿童的成长有利，哪些因素阻碍儿童的成长，就可以做到防微杜渐，有效地防止神经症的产生了。简单地说，一个孩子，如果处于一个威胁到他内心自由、安全感或自信感的环境中，那么他的精神内核就会受到威胁，从而变得孤立无助、紧张恐惧。于是，他与别人打交道的方式就改变了，不是根据自己的真实感受，而是出于自己最迫切的需求或者是利害关系去考虑。他无法再简单地表示喜欢或不喜欢、信任或不信任，不能坦白自己的意愿或反对，所以他不得不想尽办法应付别人，选择对自己伤害最小的方式，周旋于彼此之间。我们可以把这种生活方式的根本特点概括为：被焦虑和恐惧所笼罩，用紧张且有敌意的眼光打量别人及整个世界，最初还是小心翼翼地警惕，到后来就逐渐发展成憎恨，最后就是远离他人，也远离了自我。

如果这样的状态一直不改变，那神经症患者的冲突倾向也不可能消失。随着神经症的进一步加深，患者的内心需求也会更加强烈。如果我们一直采取这种虚假的解决办法，那么，他与别人的关系，甚至是与自己的关系，都会变得更加不可调和，这样，我们要想彻底解决冲突就会变得愈加困难。

改变这些状态本身，才是分析治疗的首要任务。分析师就是要帮助患者找回自我，让他意识到自己真实的情感和真实的需求，树立起自己的价值体系，用自己真实的情感和信念与人相处。当然，做到这些会非常困难，但如果真做到的话，就会奇迹般地消除患者内心的冲突，达到治愈的目的。自然，奇迹不会随随便便就发生，需要我们按照能够实现它的具体步骤，脚踏实地地去完成。

每一种神经症本质上都是一种性格障碍，不管它们的症状是多么的相似，或者多么的不同。所以，我们心理分析师的任务，就是对神经症的性格结构进行分析。如果我们对性格结构，还有患者个体间的差异，都认识得很清楚的话，就能在治疗过程中，把具体的工作步骤安排得准确无误。神经症就像患者围绕基本冲突建立起的一座堡垒，要想攻破它，我们可以把分析工作大致分为两个步骤。

第一个步骤，查明患者为了解决冲突所做的无意识的努力，以及这些努力对他整个人格造成了什么样的影响。进行这一步骤时，我们首先研究患者的主要倾向、理想化意象，还有外化作用等对他造成的影响，至于他这些努力与暗藏的基本冲突有什么关系，我们暂时不去考虑。这么说很可能引人误解，甚至有人会说，不考虑基本冲突，如何理解他为此所做的努力呢？更别提进行针对性的研究了。我不赞成这样的看法，尽管患者的这些努力，都是为了解决冲突而产生的，但它们本身也有它们自己的特征、规律和影响力。

第二个步骤，处理冲突本身。在这一步骤中，我们要帮助患者认识到基本冲突的大致情况，还要让他们明白冲突对他们造成了怎样的影响，以及这些影响是如何形成的。换句话说，要让患者了解那些相互矛盾的冲突，以及它们是怎样相互干扰的。比如，有一位患者，他有明显的顺从倾向，也有倒错的虐待倾向。在一场赛事中，患者有很强的好胜心，希望自己在比赛中获胜，能够战胜别人。但他最终没有做到，为什么呢？就是因为顺从倾向的阻碍。不仅仅是比赛，在其他工作上也一样，顺从倾向阻碍着他工作出色的欲望。顺从倾向与强烈的胜利欲望相互矛盾，相互对立。又如，患者渴望爱、渴望同情、渴望快乐，但他的这些需求，与他倒错的施虐倾向中的严格自控相冲突。明白这些相互冲突之后，我们还需让患者明白，他是如何从一个极端走向另一个极端的。比如，他是怎样时而对自己要求得非常严格，时而又过于放纵的。或者，他是怎样将需求外化为争强好胜，时而这一需求又与他小心谨慎的态度相冲突。或者，他如何一会儿对他人的所作所为进行指责，一会儿又原谅了他们。或者，他如何在一会儿觉得自己应该享受某种权利，一会儿又觉得不应该享有任何权利，他徘徊其间举棋不定。

分析师不仅要做上述工作，还需要向患者解释清楚，试图在冲突中达成某种妥协是根本不可能的。比如，他试图让自己既自私自利又慷慨大方、既喜欢控制别人又喜欢顺从别人、既很强势又能做出让步，这些尝试都将是徒劳的。分析师可以帮助患者认识到，他的理想化意象及外化作用都不能解决冲突，看清它们是如何掩盖冲突，或者起到一定的缓解作用。或者说，分析的目的就是让患者彻底了解冲突，以及冲突对他的人格产生怎样的影响和如何引发的种种症状。

通常，患者在分析治疗的每一个阶段，都会想方设法地构筑自己的防御工事。不管是理想化意象，还是外化作用，在他看来都是有主观价值的，都是他为了解决冲突所做出的努力，所以他会一心维护，这样在分析师指出他的矛盾冲突时，他会故意拒绝透露自己的领悟，设置重重障碍，极力证明自己的冲突根本不是冲突，也看不到那些倾向之间的相互矛盾。

在进行分析工作时，我们到底应该按照怎样的步骤来进行？我认为弗洛伊德的建议很实用，他把医学分析中的有效原则应用到心理分析中，强调要在下面两个方面帮助患者解决问题：分析师给出的所有解释应该是对患者有益的；分析师的解释也应该是无害的。换句话说，分析师在分析治疗的过程中，必须注意两个问题：一个是，他令患者知道真相后，患者能否承受得住？另一个是，他的解释对患者是否有意义，能不能帮助他进行建设性的思考？说句实话，迄今为止，我们面临的问题就是，还没有一个判断患者承受底线的具体标准，也并不知道究竟怎样才能激发患者进行这种良性思考？主要是因为不同患者之间结构差异大，所以往往无法确定给出解释的最佳时机。尽管这样，我们必须坚信，只有当患者在态度上有了明确的改变之后，我们才能轻松地和他讨论某些问题，然后在此基础上，再用一些常用的方法进行尝试性解决。

如果患者还是一味地寄希望于自己那些虚幻的想法上，那么，即便分析师指明他的主要冲突也无济于事，他必须首先认识到，这些虚幻的想法除了干扰他的生活外，简直毫无用处。所以说，分析工作针对的不应该是冲突本身，而应该是患者为应对冲突所采取的方法，分析师应该用简单易懂的语言，帮助患者分析他之前所做出的那些努力。不要误会，我不是说在分析中一定要刻意回避那些冲突，而是说，对患者采取什么样的分析方式，应该选择适当的时机，并参照患者神经症结构的脆弱程度再做决定。比如，有的患者，假若分析师过早地令他了解冲突真相，他会非常恐慌；而有些患者呢，如果分析师过早地令他知道真相，他们也不会做出什么反应，这样对治疗也起不到作用。不过，在一般情况下，只要患者总是一味地固守他自己的方法，总希望凭一己之力得过且过，那就很麻烦，这样分析师就不要再指望患者会对他的冲突感兴趣了。

还有一个问题，在分析的过程中一定要谨慎对待，那就是理想化意象。本书对它的形成条件等，虽然没有过多讨论，但谨慎待之很有必要。因为理想化意象对患者而言非常重要，在患者的心中总认为是理想化意象给了他自尊，令他不至于沉浸于自卑的深渊中，这是令他唯一感到真实的东西了。所以，分析师在帮助患者认识其理想化意象本质之前，只有让他获得一些现实的力量，他才有能力忍受对他理想化意象的破坏。

对患者施虐倾向的修复，早期阶段的分析肯定不会产生多大的效果。因为，这一倾向与患者的理想化意象差距太大，二者形成极鲜明的对比。别说早期阶段，就是在分析的后续阶段，当患者意识到自己这一倾向时，依然会生出恐惧和厌恶。所以，我们一定要等到患者不那么绝望的时候，再分析他们的倾向。这样做的一个更重要原因是：当患者仍然无意识地相信，他能采取的唯一方法就只有替代性的生活方式时，他是不会平心静气地和分析师一起谈论他的施虐倾向的。

同样地，上述这一原则适用于不同性格结构的患者，分析师都应该抓住最佳时机向患者做出解释，这对他承认自己内心冲突很有利。比如，一位患者表现出攻击倾向，这时他极其鄙夷感情，他认为感情是拖累，只能令自己变得软弱，于是对一切彰显力量的东西十分痴迷。对这样一位患者，分析师要做的，首先是令患者理解这样的态度是如何造成的。即便这时患者也表现出明显的顺从倾向，总是想讨好他人，亲近他人，那么分析师也不要点破。因为现在还不是点破的最佳时机，此时的患者应该很敏感，他能从分析师的一句话，甚至是一个眼神，去猜测分析师的动机，怀疑他会威胁到自己的安全，那样的话他会愤而抵抗，生怕分析师会把他改造成“老好人”。只有当他内心足够强大时，才有可能接受自己服从倾向和自卑倾向。所以，面对这样的患者，分析工作不能急于求成，要一点点地触及他内心的绝望，因为对患者而言，绝望意味着自怨自艾，这是他非常鄙视的东西。另外，承认绝望就说明自己失败了，所以，对于绝望这个概念，他是不会轻易承认的。又如，一位患者表现出明显的顺从倾向，分析师的分析工作就要从“讨好他人”的表现着手，然后再一点点地触及他的支配倾向和施虐倾向。我们再说一种情况，假如遇到一位自诩聪明绝顶的天才患者，那就不能先分析他的自卑了，甚至只要涉及一点害怕被轻视和被拒绝的心理，都会导致分析师的分析工作碰壁，都会劳而无功。

很多时候，在分析治疗的初期阶段，我们能够触及和讨论的问题确实是有限的。特别是患者坚持维护自己理想化意象，并且已经将其成功外化时，这时的患者会坚决不承认自己有什么缺点。在这种情况下，分析师千万不能说“问题是你自己造成的”之类的话，不管说得有多么委婉，患者都会产生抵触情绪。那么，这时分析师能做什么呢？可以有选择地说些与他理想化意象相关的问题，如对患者说，问题可能是他对自己要求过于严格导致的。

分析师若想迅速又准确地摸清患者与人互动时内心真实的想法，就应该熟悉神经症结构的动力学原理，这样才能知道在什么时候，用什么方式切入研究最合适。一般地，分析师都是根据患者一些细微的表现，来认识或推断出其人格的某些特征，然后再多加关注，深入了解的。这就和内科医生看病是一个模式，首先看到患者咳嗽、盗汗、一到午后就疲惫不堪，根据这些症状判断患者可能得了肺结核，其次，顺着这个判断做进一步的分析治疗。

比如，一位患者总是检视自己，与人交往过程中表现得也极其谦逊，肯定别人，否定自己，甚至对分析师也表现出十分崇拜的样子，那么分析师就要考虑患者“亲近他人”的倾向，找出更多这方面的证据，就可以试着从这方面着手解决问题了。假如有一位患者，总是提及令他感到羞耻的事情，甚至接受分析治疗都是一件很可耻的事情，那么，分析师就首先应该解决患者对羞耻的恐惧。可以在那时选择最容易发现的恐惧根源进行分析，如果患者总是担心别人不认可自己，担心别人对他的理想化意象持有怀疑，那么，分析师就要把这种恐惧和他的理想化需求紧密联系起来，让他充分认识自己的理想化意象，之后再进行解释。如果有的患者，在分析治疗的过程中表现迟钝，总是消极地说什么命中注定之类的话，那么，分析师要做的就是帮助他消除绝望心理。假如这种绝望发生在一开始，分析师不要急于解决绝望，要向患者说明他的绝望只是自暴自弃的一种表现，其实这种绝望不是源于现实中的毫无转机，而是自己心理问题在作祟，只要充分相信最终一定可以解决。如果这种绝望是发生在后期阶段，那么，分析师就要考虑，患者是因为无法找到解决的方法而绝望，还是因为自己无法达到理想化意象而感到绝望，之后再顺藤摸瓜。

以上所有的措施，给分析师留有很大的灵活空间，可以帮助分析师发挥敏锐的直觉，来洞察患者内心世界的真实图景。其实，直觉这个东西对于分析师来说很重要，是他工作中必不可少的宝贵工具，每一个分析师都应该尽可能地把它发挥到极致。当然，不是说，运用直觉就可以把整个过程当作一门创作艺术，或者只靠基本常识就能完成。分析师必须对患者的神经症性格结构做深入了解，只有以此做出的推断才具有科学性，才能帮助分析师以严谨的态度开展分析。

由于不同患者的神经症性格结构是不同的，且差异性很大，所以分析师的工作也都是在摸索着前进，尽管分析师付出了很大的努力，但仍然难免出错。当然，这里所说的错误并非什么大的原则性错误，不是把那些没有的动机强行加在患者身上，也不是治疗中没有抓住患者的神经症倾向，而是指那些常见的小差错，如过早地说出患者还无法接受的一些解释。大的错误自然可以避免，像过早做出解释这类的错误总是在所难免的。所以，分析师应该善于发现自己给出解释后患者的反应，根据患者的反应来判断对错，如果知道出了错误，就要及时调整治疗方案。我觉得，分析师很多时候过于看重患者对于解释的接受或者拒绝，而很少去思考患者的反应到底意味着什么。其实，这是一件很不幸的事，因为只有弄清楚患者种种反应背后的小细节，分析师才能知道应该先做什么，才能帮助患者去解决分析师指出的那些问题。

我们举例说明一下上述情况。有这样一位患者，他发现自己在与人交往时，只要对方向自己提出要求，也不管是否合理，自己都一样会非常生气，就认定对方是在强迫自己。当对方对自己提出批评时，即使批评得很有道理，也会觉得那是对自己的一种侮辱。相反，他总是认为自己有权力向别人提出要求，不管是哪一方面的，任何要求都不觉得过分。批评别人也一样，总觉得自己可以批评别人，甚至可以直截了当、毫不留情。换句话说，他给了自己所有特权，却想剥夺别人的一切权利。这种态度当然是有害的，甚至会毁灭自己的友谊或婚姻，关于这一点患者也能逐渐意识到，所以他一直很积极主动地配合分析师的分析治疗工作。但是，当他知道治疗产生的后果时，他开始变得被动，表现出明显的抑郁和焦虑不安。接下来，他与人交往的一些行为明显出现了回避倾向，这与之前急切地想与某一女人建立关系相比，形成了鲜明的对比。在理论上他认同人与人平等，但在实践中他拒绝实施，疏离倾向表明他无法忍受与人平等相处。一开始的抑郁，是他发现自己处于两难之间时做出的反应，之后的回避则是他在求得解决办法时做出的反应。当他意识到回避无用，除了改变自己的态度外别无他法时，他也会想为什么自己就无法接受平等关系。于是，他又恢复了与分析师的一些互动。患者的行为说明，之前他在情感上，只看到了拥有所有权利，或者没有任何权利两种可能。患者也坦白自己的担忧，他担心一旦自己让出所有权利，就没有任何事可做，只能遵照别人的意愿行事。这样的想法也诱发了服从倾向和自卑心理，虽然这些倾向在之前也被分析师察觉，但分析师却从来没有想到它的强烈程度及意义。很多种原因令患者形成了顺从和依赖倾向，令他不得不人为地构建起防御工事，把所有的权利据为己有，以便获得一种安全感。对他来说，这种顺从目前是他心理的迫切需要，那么，这时要求他放弃这种防御手段，简直就是要他抛弃整个人格。所以，分析师需要先分析他的顺从倾向，然后再考虑消除患者这种极专制的态度。

我们在本书中的所有内容都反复强调，我们不能指望使用一种方法来彻底解决问题，必须从不同的角度对问题做反复的探究。这是因为，患者的每一种态度都有多种成因，并且对神经症的发展也起到不同的作用。比如，患者在情感上，最初体现为息事宁人、忍气吞声的态度，那就说明患者有讨好他人的需求，因此在分析治疗的过程中，就必须先解决他的顺从倾向。当我们在分析患者的理想化意象时，也必须继续分析患者的这两种态度。从这个角度我们能够看出，患者把息事宁人和忍气吞声看作是圣人的一种体现。当我们分析患者的疏离倾向时，就可以看到他有回避摩擦的需求。还有，当我们发现患者尽力压制施虐倾向，表现出恐惧他人时，这种忍让又说明他的行为具有了强迫性质。在其他的例子中，我们看到患者对他人的强迫十分敏感，可能首先是源于疏离需求的一种防御态度，其次是对于渴望权力的投射，最后或许是来自患者的内心压迫或其他倾向的外化表现。

在分析过程中，任何显现出来的神经症态度和冲突，我们都要拿来放在整个人格的关系中进行理解修整。这种方法就是所谓的“修通”，它包括以下步骤：帮助患者认识他这种倾向或冲突的内在和外在表现；帮助认识这种倾向和冲突的强迫性质；还有就是帮助患者认识这种倾向或冲突的主观价值，及其导致的不利后果。

当患者意识到神经症的特异表现时，心里马上会产生一个疑问，那就是这种情况是如何产生的呢？于是，就迫不及待地想寻找问题的根源，他认为只要找到产生的源头，问题就能轻松地解决。他这种想法可能是有意识的，也可能是出于无意识。而他所谓的源头只不过是沉陷于过去的模式中，所以值得注意的是，这时分析师一定要把他拉回来，不要叫他隐遁到过去之中，而是鼓励他直面这种特异表现，让他认识到在何种程度上对自卑感到愤怒、恐惧和绝望。他也应该认识：自己为了消除一切可能的顺从以及与之相关的倾向，已经无意识地对自己进行了压抑，而他所有的那些特异行为，其实都是为了达到这一目的；他整个人变得麻木，感觉不到别人的感受、愿望和反应；他对其他人不感兴趣；

他压抑了自己向别人表达爱意的冲动，也拒绝别人对自己表达爱意；他对别人的好意乃至善良一律鄙视，也拒绝别人的一切请求；在一些社交活动中，他认为自己有权力对别人苛刻、处处挑剔，剥夺别人的一切权利，相反别人不能这样对待自己。假如我们遇到的是一位颇具全能感的患者，那么仅仅令他意识到这种感觉还不够，还要让他明白，他给自己布置的任务其实都是无法完成的。比如，患者坚信自己可以在短时期内完成一篇复杂的论文，或许也会感觉很累，但他终能才思敏捷、思路清晰，所以完成是没有问题的。在分析治疗中，他也这样认为，只要自己一眼看出问题，就可以马上解决掉它。其实，这些都是不可能完成的。

再有，患者必须认识到，他的行为具有强迫性，受制于某种特定的倾向。这些行为其实并不符合他的真正意愿，也不符合他的最大利益，甚至常常与自己的意愿和利益相违背。而它的强迫性不分时间地点，也不分对谁，随时随地都会强烈地表现出来。比如，他应该明白，自己总爱挑别人的毛病，哪怕是自己的朋友，也不管人家怎么做，他都会责备对方。如果对方表现得很温和，他会认为对方确实做得不对了，是内疚的表现；如果对方坚持己见，他会认为对方是一个喜欢专制的人；如果对方妥协了，他会认为对方懦弱；如果对方想跟他在一起，他会认为对方太随便了；如果对方拒绝他，他会认为对方太小气，等等。或者还有一种可能，正在讨论的问题，患者不能确定是否被人接受，或者是否能受到别人的欢迎，他应该意识到，即使所有证据都不支持他，他也无法改变自己怀疑的态度。理解一种神经症的强迫性，也应该认识患者受挫时表现出来的反应，如一位患者对受人喜爱有着强烈的需求，他就应该看到，哪怕一点点被拒绝的迹象，哪怕一点点预示着友好的丧失，他都会既失落又震惊，即便那种迹象实在很轻微，即便那位朋友其实对他而言真的无足轻重。

有两个步骤可以继续激起患者审视自己的兴趣：第一个步骤是，让患者清晰地认识他的问题的严重程度；第二步骤是，让他了解隐藏在问题背后的那些原因是如何的严重。

当分析师着手研究患者某一倾向的主观价值时，患者一般都会积极地配合，主动提供信息。他可能会告诉我们：当他反抗和蔑视权威或类似带有强迫性的东西时，都是迫不得已的，他若不这样，早就被别人控制了，如被他强势的父母所控制。他可能还会告诉我们，是优越感帮助了他或正在帮助他克服内心的自卑。他的远离及玩世不恭，其实都是为了自己免受伤害。确实，患者这种与他人的关系来源于自我防御，它能说明很多问题，包括这些倾向是如何养成的，以及某种态度是如何占据主导地位的，这些对更好地掌握患者的发展情况很有利。另外，更重要的是，从分析的角度看，它能帮助我们理解该倾向目前对患者所起的作用，这些作用非常有研究价值。没有哪一种神经症倾向或冲突只表现为过去式，因为它形成后就如同积习难改，会一直存在并发挥作用。可以确定的是，每一种倾向或冲突都是当前性格结构内在需求所决定的。所以，不管患者过去为什么有神经症的那些特异表现，虽然他也有一定的价值，但绝不是主要价值，而我们要攻克的是目前还在发挥作用的那些因素。

在大多数情况下，任何神经症倾向的主观价值，都在于它能很好地平衡其他倾向。所以，在分析的过程中，我们只有彻底理解这些价值，才能明白如何处理某一具体的病例。比如，某位患者，他总是抱着自己无所不能的态度，是因为他把自己可能存在的潜能当作了已经发生的事实，把他自己的宏伟计划当成已经取得的成就，也就是说，他沉迷于想象的世界中。所以，我们应该着手检查他活在想象中的程度。如果他让我们明白，采取这样的生活方式是为了确保自己不失败。那么，我们的注意力就应该集中在两个方面，一方面是究竟哪些因素导致他产生了失败的预感？另一方面是哪些因素造成了他时时刻刻惧怕失败的降临？

在治疗过程中，最重要的一步是让患者明白，他认为有价值的那些东西其实都带有危害性，就是说，他的神经症倾向和冲突导致他丧失很多能力。在之前的一些步骤中，我们已经做了很多带有启发性的工作，但更重要的是，必须要让患者看到他病情的所有情况及其细节，只有到这一步，患者才能真正意识到必须要改变自己了。每个神经症患者都想维持现状，这是由神经症的强迫性决定的，因此若想有所改变，就要唤醒一种动力，而这种动力就是他对内心自由、幸福及个人成长的渴望。我们要让患者注意到，每一种神经症问题都会妨碍他实现这种渴望，所以必须要改变它们。因此，如果患者总有贬低自己的倾向，那么，我们就必须让他看到：这种倾向会扼杀他的自尊，让他变得绝望；这种倾向会让他觉得自己不被需要，会强迫他忍受别人的虐待，那样他就会怀恨在心产生报复欲；这种倾向还会让他失去工作热情，使工作停滞不前；也是因为有了这种倾向，为了不坠入自卑的深渊，他才开启了防御模式，被迫采取自我膨胀、自我疏离等防御措施，从而使他的神经症变得越来越重。

同样地，在分析过程中，当某种特定冲突清晰可见的时候，分析师就必须让患者认识这种冲突对他生活的影响。比如，患者的冲突是自卑倾向与渴望成功之间的矛盾，分析师就会知道这是倒错型施虐狂独有的，是对这种倾向极度压抑产生的后果。患者要明白，他每次表现出来的自谦，其实都是自卑在作怪，同时，他对自己所恭维的人，是心怀愤怒的。另外，他每次想战胜别人时，都会心生恐惧，并且担心别人会报复自己。

当然，也有这样的情况：患者已经意识到神经症倾向给他带来的后果，但仍然对解决不感兴趣，就好像那些问题不存在一样。问题当然不会因为被置之一边就消失不见，这种态度也不会令病情好转。事实上，患者已经看到了神经症倾向带给自己的伤害，所以，他这种态度不利于分析师发现问题，如果分析师不够敏锐，也不会发现患者正在逃避问题，那么患者缺乏兴趣的情况就很容易被忽视了。然后，患者可能会换一个问题，分析师当然是跟着他的话题跑，结果此路不通，也许这样的僵局会反复出现，这时分析师会惊醒：原来自己所做的努力对患者的病情根本没多大作用。

如果上述情况发生的话，分析师就应该问问自己，对解决问题不感兴趣的这种态度已经造成了一系列不良后果，而患者却无法改变，其原因是什么呢？通常，我们分析可能有以下多种原因，分析师应该耐心地逐一处理：患者可能还深陷于绝望之中，认定自己的状况不会有什么改变了，因此他生出一种抵抗分析师、令他治疗失败而出丑的心理，这种念头已经远远超出对自己的兴趣；患者的外化现象可能很强烈，所以他即便看到了不良后果，依然还是不与自己联系起来；可能他的全能感依旧强烈，所以他还存有侥幸心理，认为即便有麻烦，可能自己也会有办法避开；可能他的理想化意象更顽固，所以他不能接受自己居然有任何神经症的倾向和冲突；患者已经认识问题的存在，他相信自己有能力解决，当解决不了的时候，他就会对自己发怒。意识到这些可能性的原因很重要，如果这些因素被忽视，那么，治疗师很容易把自己变成休斯登·比得逊所说的“心理学狂人”，也就是为了心理学而心理学，那种忘记了心理学初衷的人。针对这些情况，如果分析师能够帮助患者接受自我，那么对患者的治疗将非常有益。即便那些冲突本身未改变，但是起码能令患者轻松起来，从而有信心冲破蜘蛛网般冲突的纠缠。一旦形成了这种有利于分析的局面，那么，患者的改变也就为期不远了。

以上的讨论并不能称其为一篇关于分析技术方面的论文。因为分析过程中使问题加剧的那些因素，还有所有能产生疗效的那些因素，不可能仅靠这一篇论文就能全部讨论完毕。还有，类似患者将他的防御性和攻击性带入与分析师的关系后会有什么利弊这样的问题，我也并不打算在这里做详细的叙述，当然，这应该是一个很有研究意义的话题。我描述的步骤，只包括在新倾向或者是新冲突产生时我们必须经历的基本过程，而实际上，我们又无法按照这样的顺序来分析，因为分析师注意到的问题也许患者还一无所知。在前面我们讲过患者自认为有权力的例子，在例子中我们能够看到，一个问题可能暴露了另一个问题，反而后一个问题才是要率先解决的。所以，在心理学的分析治疗过程中，新症状的出现总是因人而异的，只要保证最终每个步骤都能完成就行，顺序倒不是最重要的。

在分析过程中，患者表现出来的新症状形形色色。当患者意识到自己的愤怒，并且也明白了起因后，他也许能静下心来，不再像开始那么恐慌；当患者真正看到自己所面临的困难时，也许他抑郁的状态也能稍有缓解。我们的分析工作都是为了帮助患者解决某个特定的问题，所以只要把分析工作做好，就能令患者对他人或对自己的态度有所改变。如果同时解决了几个问题之后，我们一定能够发现，分析师对患者人格的影响方式是十分相似的，如觉得自己想得到的很合情合理、过度强调自己的性欲，还有对支配意识十分敏感等，无论是对哪一种形式的分析，都能减轻他的敌意、恐惧、绝望和远离等症状。那我们来举例说明一下患者的自我疏离是如何减轻的。比如，有一位过度强调性欲的患者，他会纵情于性体验与性狂想中以证明自己的存在，他认为自己的性吸引力才是最值得信赖的优势，就连成功或失败也局限在内。那么，对于这样一位患者，我们首先要做的就是，令他意识到自己当前的症状，然后再慢慢地帮助他找回自己，激起他对生活其他方面的兴趣。又如，有一位患者，他把自己当成一位伟大的天才，他的想象凌驾于现实之上，也就是说，他眼里的“现实”，其实全部来源于他自己的“想象”，他看不见自己真实的能力，当然也看不到自己的局限。面对这样的患者，我们要通过分析，让他不要把自己的潜能当作已经取得的成绩，当他丢下想象时，就可以感受自己真实的感情，接受真实的自己。还有就是对强迫有着高敏感度的人，他们通常认为自己失去了愿望和信念，只觉得自己受他人的支配和控制，对于这样的人，在分析之后，他开始清楚自己到底需要什么，只有清楚了这些才能向自己的目标一步步迈进。

在分析治疗的过程中，那些被压抑的敌对情绪，无论其种类和来源，都会随着分析浮现出来。我们能够看到，随之患者会表现出焦虑不安，但这种焦虑也会伴着其神经症倾向的消失而逐渐缓解。只有当患者看到自己能够独立面对一些困难，不再轻易被伤害，不再那么脆弱、恐惧、依赖和苛刻时，他的敌意才会自然减少。

患者的敌意减轻，主要是因为他不再那么绝望了。一个人内心越强大，就越不会感到被威胁。那么，如何能让一个人内心强大起来呢？有很多因素能促成这个结果。比如，他之前过多地关心别人，如今他开始把注意力放在自己身上，他变得积极主动、充满活力，这样就能建立起自己的价值观，挖掘自己的潜能；他逐渐挖掘出更大的能量；他之前被压抑的能量逐渐被释放；他不再那么压抑、恐惧、自卑或绝望。于是，他不再盲目地服从别人、对抗别人，也不再随意地发泄自己的虐待冲动，而是能做到较为理智地接受或者让步，那么，这些举动都会让他的意志变得更加坚强。

随着患者原有防御系统的破坏，他必然会出现焦虑，但这种情绪只是暂时的。后续的分析治疗步骤，会一步步减轻他的焦虑，患者不会再像之前那样畏惧自己和他人。

这些变化最终会表现在患者与自己、与他人的关系的变化上。他会变得不再孤单。随着自己的强大，他内心的敌意也会随之减少，于是他不再认为他人是自己必须要对抗、控制或回避的威胁，那么，他对别人也开始变得友善。还有，随着外化作用的减弱，他的自卑感也会逐渐消失，因此与自己的关系也会越来越融洽。

通过观察我们发现，上述在分析过程中发生的变化，其实也是引起最初冲突的原因。在神经症的形成过程中，患者经受的压力日趋严重，而分析过程中却相反，分析师会带领他一点点地卸去负荷。过去患者面对绝望、恐惧、敌意和孤独时，只能用那些倾向建立的防御系统以求保护，如今当他们发现那些倾向越来越没有意义时，他就会尝试着改变自己。确实，对那些使自己厌恶又对自己满怀敌意的人，自己有能力与之平等相处，谁还会选择对他低三下四呢？谁还会选择牺牲自己呢？如果自己的内心充满了安全感，能和他人一样地为生活努力拼搏，又有谁会担心自己的才能被湮没，甚至是为了权力而不择手段呢？如果自己有能力去爱别人，不再惧怕面对竞争，谁还会刻意地远离他人呢？

所有这些工作，都需要时间来完成的，一个人越是纠结于冲突，那他遇到的障碍就会越多，自然需要付出的时间也就越长。当然，人们渴求简单明了的分析方法是可以理解的。分析师也希望更多的人从分析过程中受益，毕竟有一点点的帮助都比没有帮助要强。然而，我们知道神经症的严重程度是不同的，只有那些较轻的神经症才会在短时间内被治愈。尽管有些短期的精神疗法，看似很有前景，但不容乐观的是，其中大多数还是很片面的，而且很多使用这种疗法的患者，他们也没有意识到神经症背后各种起作用的力量是多么的强大。我认为，对比较严重的神经症，只有更好地理解其神经症的性格结构，减少寻找解释症状所花费的时间，才能缩短分析治疗的时间。

其实，最幸运的还是，分析并不是解决内心冲突的唯一方法，生活本身才是一位最强大的“分析师”。也就是说，无论是谁，只要有足够多的生活体验都可以帮助自己完善人格。比如，在生活中，可能是一位伟人对他起到了鼓舞和榜样的作用；可能是一个很糟糕的经历，让患者有机会与他人亲密接触，从而帮助他走出了自我疏离的境地；还有可能他遇到了一位志向相同的人，使他不再采取控制或回避的态度。另外，如果神经症患者能够反省神经症行为造成的严重后果，或者反省为什么那些强迫性行为会反复出现，在对自己的逐步认识中，他们恐惧的症状也会减轻。

只是，生活这位分析师所完成的“治疗”并不受我们的控制，我们根本没办法预先安排一种困境，或者设计一种友情、一种宗教信仰来满足某个人的特定需要。生活这位分析师有时候也是相当无情的，在做了一件对某一位患者有益的事情的同时，却很有可能对另一位患者造成了伤害。更何况，我们知道患者认识自己行为的后果，并且从中汲取教训的能力非常有限。假如说患者自己能从经历中汲取教训，能发现当前困局中自己的角色，并自己找出自己的责任所在，并且还能将感受应用到自己生活中的话，那就意味着，我们的治疗工作可以非常愉快地结束了。

我们既看到了冲突在神经症中发挥的作用，也认识了冲突是可以解决的，那么，重新定义分析疗法的目标，成了一件很有必要的事。我们不能用一些医学术语来定义这些目标，尽管很多神经症疾病属于医学范围内，但很多由心理问题引发的身体疾病，它们在本质上就是人格冲突的表现。所以，分析疗法的目标就应该在人格范畴内进行界定。

如此一来，我们就有了很多种治疗目标。我们应该鼓励患者培养自己对自己负责的能力，也就是在生活中，要有充满活力的心态，做事敢于做决定，并且愿意承担一些后果和责任，也要愿意为他人承担责任，以及愿意承担所认同的义务，无论这些义务是关系到子女、父母、朋友、员工、同事、团体还是国家的。

与此密切相关的另一个目标是，帮助患者获得内心的独立。对于别人的看法或一些价值观，患者要做到既不蔑视，也不盲目地跟从。也就是说，要让患者建立一套自己的价值观，并且应用到实际生活中。那么，他在与人相处的时候，就要做到尊重他人的个性，并且不侵害他人的权益，从而实现人与人的平等。这也与互利共存的民主精神相符合。

还有一个目标，我们可以称之为“唤醒感情的自发性源泉”，也就是说，无论是爱与恨、悲与喜、恐惧或渴求，所有的感情都可以唤醒并且让它充满活力。这需要患者拥有表达感情的能力，也要有对它们进行控制的能力。因为爱与友善的能力特别重要，所以这里我们特别强调一下：爱不要以寄生的方式去依附于别人，也不要以虐待的方式去控制别人。爱是什么呢？其实爱是一种关系。约翰·麦克马雷说：“一段关系本身就是一种目的。我们因为这种关系而相互联络，对人类来说，这样与人分享经历是最自然不过的事。我们能够相互理解、相互包容，在共同的生活中找到快乐与满足，并且向对方敞开心扉。”

对治疗目标最为全面的描述，就是实现人格的完整，无论是对人还是对事都一样。也就是说，不管是对人还是对己，都要不带任何伪装，情感真诚，将自己完全投入感情、事业和坚持的信念中。只有解决内心的冲突，我们才能一步步更接近这一目标。

这些目标，我并非是以武断的方式提出来的，它们都是切实可行的。这些目标不仅与各个时代的智者的理想是一致的，而且它们都是精神健康的基础因素，都是在研究神经症的病理原因时得到的，也就是有临床经验作为依据而推导出来的。因为有这些经验作为支撑，且我坚信人格是可以改变的，所以我才敢于把目标定得如此之高。不要总认为只有小孩子才容易改变，事实上，只要人活着，我们所有人都有能力改变自己，甚至是从根本上彻底地改变自己也并非难事。在相信这些目标可以实现的同时，我们还必须要认识到，精神分析法是能够给我们带来根本改变的有效方法之一。因为只有清晰地认识神经症起作用的各个因素，获得改变的可能性才更大。

这些目标是我们为之奋斗的理想。有了这些目标，奋斗便有了动力，治疗便有了方向，生活也有了指引。如果看不清这些目标的意义，患者就可能不停地更换自己的理想化意象，用新的理想化意象取代旧的理想化意象。其实，要想完全达到这些目标，无论是分析师还是患者，恐怕都难以做到。我们必须要明白，分析师不可能将患者变成一个完人，他只能帮助患者获得精神自由，鼓励患者去实现真正的理想。这就意味着，分析师给患者的是一个机会，让他们变得更加成熟、得到更好发展的一个机会。